예제로 배우는
# 디자이너를 위한 프로세싱

이상원 지음

예제로 배우는
**디자이너를 위한 프로세싱**
이상원 지음

교문사

## PREFACE

**예제로 배우는 디자이너를 위한 Processing: 기초부터 응용까지**

디지털 기술이 거의 모든 서비스에 파고 들어가고 컴퓨터와 관련된 소프트웨어 및 하드웨어를 활용하는 메타 기술이 발달함에 따라 공학을 전공하지 않은 비전공자들을 위한 디지털 제품 프로토타이핑 방법이 점차 대중화되고 있다. 본서는 이중에서도 특히 소프트웨어를 공부하려는 기초 지식이 없는 디자이너, 아티스트들을 대상으로 하고 있으며, 다양한 예제를 통해 기초 이론을 익히고 나아가 여러 라이브러리를 활용하여 보다 흥미로운 프로그램 작성을 도와주는 것을 목적으로 하고 있다. 비록 프로세싱이라는 특정 개발 환경을 사용하고 있지만 프로그래밍 언어 사이의 높은 상호 호환성을 생각해 볼 때 소프트웨어 전반에 흥미를 가지고 그 기초를 다지고자 하는 독자들에게 좋은 지침서가 될 수 있을 것이다.

요즈음 초등학생이 프로그래밍에 대한 지식을 쌓거나 대학에서 학과에 관계없이 프로그래밍이 졸업 필수 요건이 되어가고 있다는 소식을 접할 수 있다. 방대한 양의 데이터들이 생산, 분석되고 수많은 소프트웨어 서비스들이 기존의 산업을 혁신시키는 것을 볼 때, 전공을 불문하고 프로그래밍 기술을 갖추는 것은 엄청난 기회의 가능성을 준다는 사실을 부인하기는 어렵다. 그러나 현실적으로 그러한 기술을 갖춘다는 것은 사실 비전공자로서는 쉽지 않은 일인데 그러한 교육 과정을 찾기가 쉽지 않을 뿐 더러 적어도 수년간의 지속적인 관심과 노력을 통해서야 비로소 의미 있는 작업이 가능하기 때문이다. 또한 특히 디자이너로서 기성 교육을 받아온 경우 이공학적 내용에 대한 이질감 내지는 거부감을 극복하는 것도 상당한 난제이다.

그럼에도 불구하고 프로그래밍, 나아가 IT 기술에 대한 전반적인 이해는 그 적용 분야가 어떤 것이든지 간에 매우 강력하고 매력적인 작업을 가능하게 해 준다. 더구나 인공지능 및 로봇 등의 발전으로 산업 전반에 끼치는 IT 기술의 영향이 보다 근본적인 성격을 띠게 되면서 그 응용 범위의 끝을 상상하기조차 힘들다. 이러한 면에서 프로그래밍 기술은 적어도 가까운 미래에 여러 도메인의 지식과 결합하여 새로운 가치를 지속적으로 창출해 낼 것이다. 특히 디자인 분야에 있어서는 그 동안 많은 부분 전문 엔지니어들에 의해 디지털화가 이루어진 경향이 강했다면 앞으로는 기술 기반 지식을 갖춘 사용자들이 그 변화를 주도하게 될 가능성이 높다.

프로세싱은 Casey Reas와 Ben Fry가 MIT media lab에서 개발한 자바 기반의 개발 환경으로 비전공자들이 흥미를 잃지 않고 지속적으로 학습을 이어갈 수 있도록 시각적 효과를 손쉽게 만들 수 있는 데에 최적화되었다. 윈도우, 맥OS, 리눅스를 모두 지원할 뿐만 아니라 자바 스크립트 및 안드로이드 모드를 제공하며 아두이노 등 하드웨어 프로토타이핑과의 연결도 손쉽다. 프로세싱은 다양한 입문자들을 위한 프로그래밍 환경들 중에서도 협력 라이브러리를 늘려가며 그 생명력을 이어가고 있는데 그 원인으로 프로그래밍 문법에 충실, 그 범용성을 잃지 않으면서도 손쉬운 시각 효과 제작을 위해 사용자 중심의 상위 레벨 함수들을 제공한 것을 들 수 있을 것이다. 독자들은 학습 첫날부터 코딩 한 줄, 버튼 클릭 한 번을 통해 이것이 무엇을 의미하는지를 확인할 수 있을 것이다. 이제 그 여정을 시작해보자.

2016년 7월
이상원

# CONTENTS

# CHAPTER 1

# 프로세싱 기초PROCESSING BASIC

# PROCESSING BASIC

## 1.1 시작하기

준비를 위해 먼저 프로세싱 홈페이지(https://www.processing.org)에 접속한다(Figure 1).
프로세싱의 공식 웹사이트로 다양한 소스와 예제를 받을 수 있으므로 자주 찾아가볼 수
있도록 북마크해 두자. 왼쪽 열에 있는 링크 중 Download를 클릭하고 다운로드 웹페이지
를 열어 자신의 운영체제에 맞는 실행파일을 받은 후 실행한다.

**FIGURE 1** 프로세싱 홈페이지

프로세싱을 실행하기 위해 processing.exe(윈도우 운영체제 기준)를 실행하면 다음과 같
은 실행 화면이 나타난다(Figure 2).

**FIGURE 2** 프로세싱 프로그래밍 윈도우

맨 위의 윈도우 바 영역에는 날짜가 포함된 파일 이름이 프로세싱 버전과 함께 표시되어 있다. 그 아래 메뉴바에는 파일, 편집 등 다양한 기능이 카테고리별로 있고 그 아래에는 실행과 정지를 상징하는 화살표와 네모 버튼이 있다. 오른쪽에는 디버깅을 위한 버튼, 그리고 자바 모드를 상징하는 풀다운 메뉴가 있다. 가장 중앙에 위치한 하얀 캔버스는 코딩 영역이고 아래 검정 창은 코딩에서 텍스트를 출력할 때 메시지가 표시되는 영역이다. 윈도우 가장 아래에는 콘솔 탭이 활성화되어 있는 것을 볼 수 있으며 에러를 나타내는 탭도 같이 나열되어 있다.

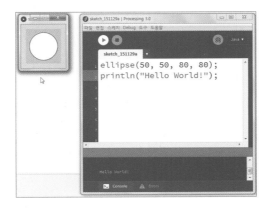

**FIGURE 3** 첫 프로그램

위 코드를 타이핑하고 세이브한 후(메뉴바의 파일 → 저장 혹은 Ctrl+s) 화살표 버튼을 눌러서 실행하여 보자. 그러면 새로운 작은 윈도우(실행 창이라고 부르자)가 생성되는데 가운데에 원이 그려져 있는 것을 볼 수 있을 것이다. 또한 아래 검은색 콘솔 창에 메시지 가 뜨는 것을 발견할 수 있는데 Hello Wolrd!라는 문장을 볼 수 있다. 코드의 첫번째 줄이 원을 그리라는 명령어인데 중앙이 실행 창 왼쪽에서 50픽셀, 위에서 50픽셀 거리에 위치에 오도록 폭 80픽셀, 높이 80픽셀의 ellipse(타원)를 그리라는 뜻이다. 참고로 실행 창은 그 크기를 따로 지정하지 않는 한 100×100픽셀이며 Hello World!는 프로그래밍 언어를 처음 배우기 시작할 때 관례적으로 출력해보는 메시지이다. 이번에는 조금 더 복잡한 코드를 실 행해보자.

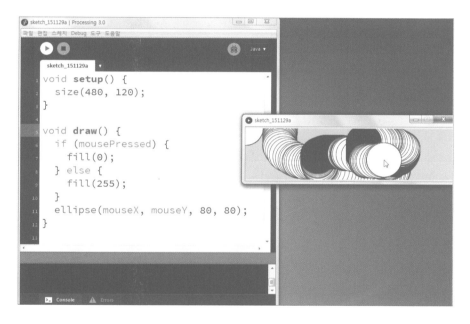

**FIGURE 4** 두 번째 프로그램

조금 복잡하지만 괄호 ()과 {}에 유의하면서 작성하면 오른쪽의 실행 화면을 볼 수 있다. 마우스가 움직임에 따라 원이 그려지는데 마우스를 클릭하면서 그리게 될 경우 원 내부 가 흰색에서 검은색으로 변한다. 두 사례에서 볼 수 있는 사실은 첫째 프로세싱을 활용해 서 그래픽 요소를 그리기가 매우 수월하다는 것인데, 단 한 줄의 코드로 도형을 그릴 수 있는 프로그래밍 언어는 극히 드물다. 둘째로 마우스와의 상호작용을 프로그래밍할 수 있다는 것인데, 마찬가지로 그 실행을 위해 필요한 코드의 양이 상대적으로 매우 적다. 마지막으로 실행이 매우 쉽다는 것인데, 단지 화살표 버튼을 누름으로써 실행이 시작되고 사각형 버튼을 누름으로써 그 실행을 멈출 수 있다. 이는 실행과 멈춤만 툴바에 위치시킨 의도적인 UI 디자인의 결과라고 볼 수 있다. 간략하게나마 위 사례에 나타난 코드의 요소들을 알아보자.

**함수(function)** 독립된 기능을 수행하는 하나의 모듈로 ellipse, size, fill, draw, setup 등이 그 예에 해당한다. ellipse는 타원을 그릴 때, size는 실행 창의 크기를 변경할 때, fill은 도형 내부의 색을 변화시킬 때 사용하며 프로세싱에 의해 그 기능과 사용방법이 이미 정해져 있다. 그 예로 ellipse는 타원의 중앙의 위치와 크기를 픽셀 단위로 괄호 () 사이에 지정하여 보냄으로써 타원을 그릴 수 있고, size는 너비와 높이를 픽셀 단위로 ()에 지정하여 보냄으로써 실행 창의 크기를 재조정한다. setup()과 draw()는 프로그래머가 직접 그 기능을 정의한다는 면에서 특별한데, setup()과 draw()에 바로 뒤따르는 {}에서 그 기능이 정의된다. 프로세싱에서 정의된 함수들은 프로세싱 웹사이트를 통해서 그 기능과 용례를 확인할 수 있다(https://processing.org/reference/). 이와 같이 프로그래밍 언어에서 이미 정의된 기능들을 확인할 수 있는 문서를 API(Application Programming Interface)라고 부른다.

**명령문(statement)** 하나의 명령어를 나타내는데 마치 자연어에 있어서 하나의 문장과 같다. 문장이 마침표로 끝나는 것과 같이 명령어는 항상 세미콜론(;)으로 끝나야 한다.

**조건문(if..else)** 괄호 () 안의 조건이 만족하였을 때 if 뒤의 {}을 실행하며 만족하지 않았을 때 else 뒤의 {}를 실행하라는 뜻이다. 프로그램의 논리적 흐름을 제어할 때 사용된다.

**예약어(keyword)** 프로세싱에 의해 이미 정의된 값을 가지는 것을 말하며 mousePressed는 마우스 왼쪽 키가 눌려진 여부를, mouseX와 mouseY는 마우스 커서의 위치를 나타내는 키워드이다.

이외에 두 번째 프로그램이 첫 번째 프로그램과 다른 것은 첫 번째 프로그램의 코드가 줄마다 순차적으로 실행되는 것에 비해 두 번째 코드에서는 프로그램이 시작되자마자

setup() 부분이 먼저 한 번 실행되고 이어서 draw() 부분이 연속해서 (1초에 60번까지) 실행된다는 것이다. 애니메이션이나 인터랙티브한 효과를 위해서는 이 두 함수가 필수이므로 항상 setup()과 draw()가 있는 형식을 갖추는 습관을 갖자. 두 번째 프로그램을 해석하면 라인 1~3은 프로그램이 처음 실행될 때 실행 창의 크기를 480x120픽셀로 조정한다. 위에 주지한 바와 같이 setup()은 프로그램 시작 시 단 한 번만 실행된다. 이어 라인 5~12가 반복적으로 실행되는데 만일 마우스 버튼이 눌러진 경우 색을 검은색(0)으로, 그렇지 않은 경우 흰색(255)으로 바꾼 후(라인 6~10) 원을 그린다(라인 11). draw()의 작업은 초당 무수히 반복되므로 마우스가 옮겨갈 때마다 그 자리에 원이 그려지는 효과를 얻게 된다.

위에 언급되지 않는 다른 연관 요소들을 살펴보면 다음과 같다.

**공백(white space)** 프로세싱에서 공백과 줄바꿈은 무시된다. 즉 첫번째 코드에서 두 줄을 다음의 한 줄로 표시해도 프로세싱이 인식하는 코드는 동일하다.

```
ellipse(50, 50, 80, 80); println("Hello Wolrd! ");
```

하지만 적정한 공백과 줄바꿈을 넣을 것을 추천하는데, 프로그램의 높은 가독성이 코드를 빠르게 이해하고 오류를 줄이는 데에 상당한 도움을 주기 때문이다.

**주석(comment)** 위 코드에는 사용되지 않았지만 코드의 설명문을 달고 싶을 때 사용된다. 두 가지 형태가 있는데 //의 경우 그 이후에 오는 한 줄이, /* .. */의 경우 …에 오는 부분이 주석 처리되며 프로세싱 실행에는 전혀 영향을 미치지 않는다. 다음은 주석의 사용 예시이다.

```
ellipse(50, 50, 80, 80); // 실행 창 중앙에 80×80 크기의 원을 그린다
```

혹은

```
/* 실행 창 중앙에 원을 그린다
크기는 80x80픽셀이다 */
ellipse(50, 50, 80, 80);
```

## 1.2 변수

### 데이터 타입

컴퓨터를 활용하는 데 있어서 데이터는 음악, 동영상, 이미지, 텍스트 등 다양한 종류로 존재한다. 그러나 데이터가 디스크에 저장되는 형식은 모두 동일한데 바로 0와 1(비트)의 나열이 그것이다. 역으로 말해 동일한 형식의 비트 데이터를 어떻게 해석하느냐가 데이터의 종류를 결정하는데, 이를 위해 컴퓨터에게 비트 데이터의 해석 방법을 알려줄 필요가 있다. 이에 프로그래밍에서는 숫자 혹은 문자 데이터를 저장하면서 그 데이터의 타입을 지정해주는데, 그 예는 다음과 같다.

**TABLE 1**  프로세싱 기본 데이터 타입

| 타입 | 사용방법 | 예 |
| --- | --- | --- |
| 정수 | int | 120, −180, 1234567 |
| 부동소수 | float | −123.2, 11.0, 111.6545 |
| 부울 | boolean | true / false |
| 컬러 | color | (255), (255,122), (123, 2, 200), (3,4,2,0) |
| 문자 | char | A, a |
| 바이트 | byte | −128부터 127까지 |

정수형의 경우 정해진 범위 사이의 양, 음 혹은 0의 값을 가지는 정수를 가리킨다. 정수의 최대, 최소값은 차지하는 메모리(즉 0과 1의 자릿수)에 따라 달라지는데 정수가 4바이트(=32비트, 2진수 32자리)의 메모리를 가질 경우 그 범위는 −2147483648에서 2147483647까지이다. 부동 소수점 역시 정해진 범위 사이의 실수를 나타낼 수 있는데 그 정밀도는 유한하여 근사값으로 표시된다. 즉, 현실 세계에서의 소수점이 임의의 자릿수까지 표현할 수 있는 데 비해, 부동소수형은 그렇지 못하므로 숫자의 정밀도가 매우 중요한 프로그램의 경우 정수형을 사용하는 것이 낫다. 부울형은 참(true) 혹은 거짓(false)을 가지며 논리 연산이 가능하다. 컬러는 프로세싱 고유의 데이터 형식으로 숫자의 조합 (tuple)으로 이루어지

는데, 1개의 경우 gray scale color(0:검은색~255:흰색), 2개의 경우 gray scale color와 투명도(transparency), 3개의 경우 RGB, 4개의 경우 RGB와 투명도를 의미한다. char는 1개의 문자를 표현할 수 있고 byte 형은 –128부터 127의 수를 표현할 수 있다. 이외에 문자열을 나타낼 수 있는 String 타입이 있는데, 이는 기본형이 아니라 객체(Object) 타입으로 추후 객체를 소개할 때 구체적으로 다루도록 한다.

**변수**

타입이 결정된 데이터는 변수라는 형식으로 프로그램에 저장, 활용될 수 있다. 즉 숫자 또는 문자는 변수라는 그릇에 담기며 변수는 이를 위해 세 가지 속성을 지니는데 바로 이름, 데이터의 값, 그리고 데이터의 타입이다.

```
int myAge = 40;
```

위 식에서 myAge는 정수형을 저장하는 변수이며 그 값은 40이다. 위 식은 변수를 '정의한다(define)'라고 표현한다. 위 식은 다음의 식으로도 치환될 수 있다.

```
int myAge;
myAge = 40;
```

위 식의 첫 줄은 변수와 데이터 타입만 지정했을 뿐 값을 정하지는 않았는데 이를 변수를 '선언한다(declare)'라고 표현하며 이 때 변수는 정해진 값이 없는 것으로 가정한다. 둘째 줄에서 비로소 값이 정해지는데 이를 값을 '부여한다(assign)'라고 한다. 즉 변수를 정의하는 것은 선언하는 것과 부여하는 것으로 나뉠 수 있다. 선언만 하고 아직 값을 부여하지 않은 경우에는 그 안의 값이 무엇인지 알 수 없으므로 그 변수값을 사용하지 않도록 한다. 다른 예를 보면 다음과 같다.

```
int myAge;
```

```
myAge = 40;
int yourAge = 22;
boolean b = true;
float x,y,z;
x = -3.9; y = 1.5; z = 0.009;
```

프로세싱에서 에러가 나는 경우가 있는데 다음과 같다.

```
int x = 3;
x = 7;     // Ok!
float x = 0.6;  // Error!
```

즉 정의된 변수의 값을 바꾸는 것은 가능하나 같은 변수명을 가지고 다른 데이터 타입을 정의하는 것은 불가능하다.

```
int x = 24.8; // Error!
float f = 12.5;
int y = f; // Error!
float z = 8; // Ok!
```

데이터 타입을 섞는 것도 에러를 만드는데 첫째 줄의 경우 24.8은 정수형이 될 수 없으므로 에러이다. 셋째 줄의 경우도 부동소수형을 가진 f의 값을 정수형 y에 저장하려 하므로 역시 에러이다. 하지만 마지막 줄의 경우 예외적인데 8의 경우 정수형이나 부동소수형으로 저장될 수 있다. 이는 컴퓨터가 내부적으로 정수(8)를 부동소수(8.0)로 변환할 수 있기 때문이다. 그 반대의 경우 부동소수형을 정수형으로 변환할 때에는 직관적 변환이 불가능하므로 (예: 8.5를 8로 변환할 것인가 아니면 9로 변환할 것인가) 에러로 판명되게 된다.

또 다른 유의사항으로 프로그래밍에서 기호 =는 우측의 값을 좌측의 변수에 저장하는 할당연산자로 비교 연산자 ==와 다르다.

```
5=3; // Error!
boolean compare = (5==3); // Ok!
```

즉 3 값은 5에 할당될 수 없기 때문에 에러가 나고 5==3은 false 값을 갖기 때문에 불리언 타입 변수 compare는 false 값을 가지게 된다.

마지막으로 변수의 이름은 알파벳, 숫자, 혹은 특수문자 _와 $로 구성할 수 있는데 예약어와 중복되거나 숫자로 시작되면 안 된다. 보통 소문자로 시작하는 것이 일반적이며 변수가 의미하는 바와 적정한 길이를 생각하여 이름을 정하는 것이 좋다.

### 연산

프로세싱에서 연산에 쓰이는 연산자는 +, −, *, /, %(나머지), =(할당연산자)가 있다. 괄호가 없을 경우 그 우선순위는 첫째가 *, /, %이고 둘째가 +, −, 그리고 마지막이 =이다. 산술 연산자가 할당 연산자와 결합한 경우 축약 형태로 나타날 수도 있는데, 그 예는 다음과 같다.

**TABLE 2** 축약 연산자

| 표현식(expression) | 축약 연산자 |
| --- | --- |
| x = x + 1 | x++ or ++x |
| x = x + y | x += y |
| x = x − y | x −= y |
| x = x * y | x *= y |
| x = x / y | x /= y |

### 타입 변환

정수형과 부동소수형 타입 간의 연산은 서로 다른 타입의 결과를 도출하는데 정수형끼리의 연산은 정수형을, 부동소수형끼리는 부동소수형을, 정수형과 부동소수형 간의 연산은 부동소수형의 결과를 가져온다. 즉

```
int a = 3/5;      // a는 내림으로 0 값을 갖는다
int b = 5/3;      // b는 내림으로 1 값을 갖는다
float c = 3.0 / 5.0; // 0.6을 갖는다
float d = 5.0 / 3.0; // 1.666666을 갖는다
float e = 3 / 5.0;  // 3이 3.0으로 변환되어 연산 후 e는 0.6을 갖는다
float f = 5 / 3.0;  // 5가 5.0으로 변환되어 연산 후 f는 1.666666을 갖는다
float g = 5/3;    // 1 값이 1.0으로 변환되어 g에 저장된다
int h = 5.0/3.0;   // Error!
```

위의 예와 같이 정수형이 부동소수형으로 변환되어야 될 경우 프로세싱 내부에서 자동으로 이루어지는데 이를 암시적 변환(implicit conversion)이라고 하며 그 변환에는 수의 정보의 손실이 없다. 이와 대조적으로 부동소수형이 정수형으로 변환되어야 할 경우는 변환이 명시적으로 이루어지지 않을 때에는 에러가 나게 되는데 이 때 (int)를 사용하면 부동소수형은 내림으로 정수형으로 바뀌게 된다. 이를 명시적 변환(explicit conversion)이라고 한다.

```
int i = (int)(5.0/3.0); // 1.666666에서 1로 변환되어 i에 저장된다
```

이외에 함수를 사용하여 변환이 가능한데 ceil()은 오름, floor()는 내림, round()는 반올림을 통해 부동소수를 정수로 바꾼다. 참고로 min()과 max()는 주어진 2개 혹은 3개 중의 최소값·최대값을 리턴한다.

# 1.3 조건문

    프로그래밍의 경우 그 실행의 순서가 주로 위에서 아래이며, 한 줄씩 순차적으로 이루어진다. 예외적으로 함수의 호출이 있는 경우 호출된 함수가 정의된 단락으로 이동, 함수 내의 명령문들이 순차적으로 실행된 후 다시 함수를 호출한 명령문으로 돌아와 그 다음 줄이 실행되게 된다. 그러나 때로는 이러한 흐름 외에 어떤 특정한 조건이 성립하느냐의 여부에 따라 일정 코드 단락을 실행시키거나 시키지 않고 싶을 때가 있는데, 이를 위해 필요한 것이 조건문이다. 조건문 내에서 특정 조건을 구성하고 싶을 때 true 혹은 false로 판별되는 논리 표현식(logical expression)이 필요한데, 이를 만드는 가장 흔한 방법으로 관계 표현식(relational expression)이 있다.

### 관계 표현식(relational expression)

관계 표현식은 true 혹은 false로 평가되며 관계 연산자(relational operator)와 피연산자(operand)로 이루어진다.

TABLE 3  관계 연산자와 그 의미

| 관계 연산자 | 의미 |
| :---: | :---: |
| > | 왼쪽 피연산자가 오른쪽 피연산자보다 클 경우 true 아니면 false |
| < | 왼쪽 피연산자가 오른쪽 피연산자보다 작을 경우 true 아니면 false |
| >= | 왼쪽 피연산자가 오른쪽 피연산자보다 크거나 같을 경우 true 아니면 false |
| <= | 왼쪽 피연산자가 오른쪽 피연산자보다 작거나 같을 경우 true 아니면 false |
| == | 왼쪽과 오른쪽 피연산자가 같을 경우 true 아니면 false |
| != | 왼쪽과 오른쪽 피연산자가 다를 경우 true 아니면 false |

    즉 5 > 5나 5 ! = 5는 false, 4 > 3나 3 <= 3은 true로 판명되는 관계 표현식이다. >= 나 <= 연산자의 경우 항상 부등호가 등호 앞에 와야 한다. 즉 => 나 =<의 경우 에러가 나게 된다.

## 논리 연산자

논리 연산자(logical operator)는 여러 개의 논리 표현식을 결합할 수 있게 해 준다. 논리 연산자 양쪽의 피연산자의 논리값에 따라 다음과 같은 결과가 도출된다(||의 경우 엔터 키 주위에 있는 세로 선으로 된 키를 찾아 두 번 누르면 된다).

**TABLE 4** 논리 연산자와 그 의미

| 논리 연산자 | 의미 |
| --- | --- |
| && | 양쪽의 피연산자가 모두 true면 true, 적어도 하나가 false면 false |
| \|\| | 양쪽의 피연산자 중 적어도 하나가 true면 true, 둘 다 false면 false |
| ! | 오른쪽의 피연산자가 true면 false, false면 true |

즉 (3 > 4) && (5 > 2)는 3 > 4가 false이므로 false이고 (3 > 4) || (5 > 2)는 5 > 2가 true이므로 true로 판명한다. !true 혹은 !(4 > 2)는 false이다. !는 오른쪽에만 피연산자가 오는 것에 유의한다. 피연산자는 여태껏 본 논리 표현식 외에도 변수가 올 수도 있다. 즉 a와 b가 불리언 타입의 변수일 경우 a && b, a || b, !a가 모두 가능하다. 연산자의 우선순위를 주어야 할 경우 괄호를 적절히 사용하도록 한다.

## 조건문

조건문을 사용하여 프로그램의 흐름을 조정할 수 있는데 문법은 다음과 같다.

```
if(테스트할 조건) {
// statements 1
}
// statements 2
```

테스트할 조건은 true 혹은 false로 판별되는 논리 표현식이다. 이 조건은 if 다음에 오는 소괄호(parenthesis, '(' 와 ')') 사이에 들어가게 되며 만일 이 조건이 true로 판별이 나면 중괄호(braces, '{' 와 '}') 안의 코드(statements 1)가 실행되고 이어 닫힘 중괄호('}') 아래의 코드(statements 2)들이 순차적으로 실행되게 된다. 만일 테스트할 조건이 false로 판별되면 중괄호 안의 코드를 실행시키지 않고 건너뛰어 닫힘 중괄호 바로 밑의 코드들 (statements 2)이 실행되게 된다. 다음의 예를 살펴보자.

```
void draw() {
  if (3 > 5) {
    ellipse(30, 50, 10, 10); // first ellipse
  }
  rect(30, 30, 20, 20);
  if (3 < 5) {
    ellipse(50, 30, 10, 10); // second ellipse
  }
}
```

첫 번째 조건문의 경우 테스트 조건 3 > 5가 false이므로 첫 번째 ellipse 부분이 실행 되지 않는다. 중괄호를 건너뛰어 rect 부분이 실행, 사각형이 그려지게 된다. 이어 두 번째 조건문에 도달하게 되는데 3 < 5는 true이므로 두 번째 ellipse는 실행이 되게 된다. 모든 코드가 draw() 함수에 들어가 있는 것과 괄호가 생길 때마다 그 안의 코드들이 한 단계 더 들여쓰기가 되어 있는 것에 유의하자.

if 조건문은 더 확장되어 else를 사용할 수 있다. 문법은 다음과 같다.

```
if(테스트할 조건) {
// statements 1
} else {
// statements 2
}
// statements 3
```

여기서 만일 테스트할 조건이 true일 경우는 statements 1 → statements 3의 순서대로 실행되며 false일 경우 statements 2, statements 3의 순서로 실행된다. 테스트할 조건이 여러 개일 수도 있다.

```
if(조건 1) {
// statements 1
} else if (조건 2){
// statements 2
} else if (조건 3) {
// statements 3
else {
// statements 4
}
// statements 5
```

위의 문법에서 조건 1, 2, 3이 순차적으로 테스트되는데 만일 하나라도 만족하면 그 조건 아래의 statements가 실행된 후 statements 5로 건너뛰며 모두 만족되지 않을 경우 statements 4, statements 5 순서로 실행된다. else if는 임의의 개수만큼 만들어질 수 있으며 마지막 else 경우는 선택에 따라 존재하지 않을 수도 있다. 각 단락 내에 if - else문이 존재할 수도 있는데,

```
if (5 > 3) {
  if (4 > 6) {
    ellipse (10, 20, 30, 30);
  } else {
    rect(10, 30, 20, 20);
  }
}
```

위의 경우 5 > 3이 true이므로 단락 내로 들어오고 4 > 6은 false이므로 rect 부분이 실행된다. 마지막으로 한 가지 유의할 점은 if, else if 혹은 else 이후의 statement가 중괄호에 들어가지 않을 수도 있는데, 이의 경우 바로 다음 1개 statement만 중괄호가 된 것과

같은 효과를 가진다고 보면 된다. 즉

```
if (3 > 5)
ellipse(30, 50, 20, 20);
rect(30, 40, 10, 10);
```

의 경우 아래 코드와 동일한 효과를 가지며 따라서 rect만 실행된다.

```
if (3 > 5) {
   ellipse(30, 50, 20, 20);
}
rect(30, 40, 10, 10);
```

## 1.4 반복문

컴퓨터, 더 나아가 기계가 인간보다 상대적으로 더 나은 것이 있다면 규칙화 혹은 알고리 즘화될 수 있는 작업을 기계적으로 반복하는 일이다. 즉, 생리적 한계에 제한되지 않고 그 하드웨어적 한계가 허락하는 한 똑같은 작업을 한 치의 오차도 없이 동일하게 여러 번 수 행하는 것이다. 프로그래밍에서도 이렇게 어떠한 수학적 규칙이 있는 반복적인 작업을 규 정할 수 있게 하는 명령어가 있는데 바로 반복문이다. 다음의 예를 살펴보도록 하자.

```
println("2 * 1 is " + (2*1));
println("2 * 2 is " + (2*2));
println("2 * 3 is " + (2*3));
println("2 * 4 is " + (2*4));
println("2 * 5 is " + (2*5));
println("2 * 6 is " + (2*6));
println("2 * 7 is " + (2*7));
println("2 * 8 is " + (2*8));
println("2 * 9 is " + (2*9))
```

구구단 2단의 예인데 잘 살펴보면 2에 곱해지는 수가 1에서 9까지 증가하는 패턴을 가지 고 있다. 이 아홉 줄의 코드는 반복문(for-loop문)을 사용하여 다음과 같이 간단해질 수 있 다. 출력문(println)에서 +는 더하기가 아니라 문자열의 결합(concatenation)을 의미한다.

```
for(int i = 1; i <= 9; i++) {
    println("2 * " + i + " is " + (2*i));
}
```

즉 i가 1에서부터 9까지 변하면서 중괄호에 안에 있는 출력문이 반복되는데 그 변화하는 패턴이 i의 값으로 매개 변수화되어 있다. 즉 변하는 패턴을 변수의 증감으로 표현하는 것이 반복문의 핵심이다. 반복문의 문법을 자세히 살펴보자.

```
for (초기화; 반복을 계속하기 위한 조건; 갱신문) {
    // statements
}
```

이 문법의 논리적인 흐름은 다음과 같다.

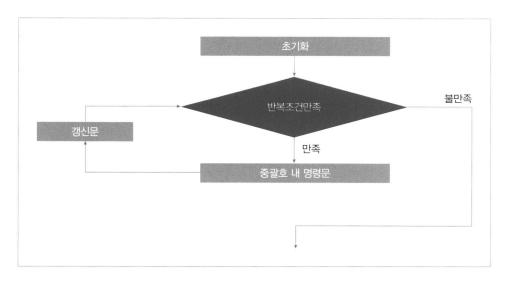

**FIGURE 5** 반복문의 논리적 흐름

가장 먼저 초기화가 단 한번 일어나게 되는데 구구단의 경우 i = 1로 초기화되었다. 이후 반복 조건을 만족하는가를 테스트하는데 1 <= 9는 true이므로 중괄호 내의 출력문이 i = 1인 채로 실행된다. 이후 갱신문 i++에 따라 i는 2가 되고 이후 반복 조건 2 <= 9가 다시 true이므로 i = 2인 채로 중괄호 내의 출력문이 실행된다. 출력문은 i = 9일 때까지 실행되며 갱신문에 의해 10이 되면 반복 조건 10 <= 9가 false가 되므로 중괄호 밖으로 나오게 된다. 여기서 주의할 점은 초기화 직후에도 중괄호 내에 들어가기 전 반복 조건이 테스트된다는 것이다.

**FIGURE 6** 동심원 그리기

다른 예를 위해 위와 같이 여러 개의 동심원을 그리는 경우를 가정해보자. 원의 지름이 가장 안쪽의 원은 10픽셀이며 바깥쪽으로 커질수록 10픽셀씩 늘어난다. 그러면 반복문에 서 원의 지름을 나타내는 변수를 i라고 했을 때 초기값은 10픽셀로 지정하고, 반복 조건으 로는 실행 윈도우 전체를 커버할 만큼의 최대 지름보다 작은 것으로 하며, 갱신문으로는 i 를 10픽셀씩 증가하는 것으로 하자. 그러면

```
for (i = 10; i <= 150; i += 10) {
    ellipse(50, 50, i, i);
}
```

가 된다. ellipse()에서 첫 번째 두 숫자는 100x100픽셀 실행 윈도우의 중심인 (50, 50)픽셀 을 원의 중심으로 한다는 것을 뜻하며, 마지막 두 숫자는 타원의 가로와 세로 지름을 뜻하 는데 두 값이 같으므로 원의 지름을 의미한다. 전체 코드를 살펴보면

```
void setup() {
  noFill();
}

void draw() {
```

```
    background(255);
    for (i = 10; i <= 150; i += 10) {
        ellipse(50, 50, i, i);
    }
}
```

로 noFill()은 원을 그릴 때 내부 색 채움이 없는 옵션을 호출하는 함수로 setup()에서 한번만 불러주면 된다. background(255)는 배경색을 흰색으로 채운다. 그리는 함수 draw()는 1초에 60번씩 실행되므로 실행 윈도우에서 배경색과 동심원은 반복적으로 그려지게 된다.

## 중첩 반복문(Nested for-loop)

지금까지 하나의 변수의 증가 혹은 감소함으로써 1차원 상에서 한쪽 방향으로 진행되는 반복문을 살펴보았다. 이번에는 다음과 같은 구구단을 보자.

| | | | |
|---|---|---|---|
| println("2 * 1 is " + (2*1)); | println("3 * 1 is " + (3*1)); | .... | println("9 * 1 is " + (9*1)); |
| println("2 * 2 is " + (2*2)); | println("3 * 2 is " + (3*2)); | .... | println("9 * 2 is " + (9*2)); |
| println("2 * 3 is " + (2*3)); | println("3 * 3 is " + (3*3)); | .... | println("9 * 3 is " + (9*3)); |
| println("2 * 4 is " + (2*4)); | println("3 * 4 is " + (3*4)); | .... | println("9 * 4 is " + (9*4)); |
| println("2 * 5 is " + (2*5)); | println("3 * 5 is " + (3*5)); | .... | println("9 * 5 is " + (9*5)); |
| println("2 * 6 is " + (2*6)); | println("3 * 6 is " + (3*6)); | .... | println("9 * 6 is " + (9*6)); |
| println("2 * 7 is " + (2*7)); | println("3 * 7 is " + (3*7)); | .... | println("9 * 7 is " + (9*7)); |
| println("2 * 8 is " + (2*8)); | println("3 * 8 is " + (3*8)); | .... | println("9 * 8 is " + (9*8)); |
| println("2 * 9 is " + (2*9)); | println("3 * 9 is " + (3*9)); | .... | println("9 * 9 is " + (9*9)); |

이번에는 단수에 2~9단을 모두 포함시켰다. m단의 경우 곱하여지는 둘째 숫자 n이 1~9까지 증가하는데 m단을 나타내는 바깥 반복문에 n을 표현하는 안쪽 반복문을 포함시키면 다음과 같이 된다.

```
for(int m = 2; m <= 9; m++) {
    for(int n = 1; n <= 9; n++) {
        println(str(m) + " * " + n + " is " + (m*n));
```

```
    }
  }
```

출력문의 str()은 숫자를 출력할 수 있는 문자열로 바꾸어주는 함수이다. 각 m에 대하여 n이 1부터 9까지 반복하면서 원하는 결과를 도출해 낼 수 있음을 볼 수 있다.

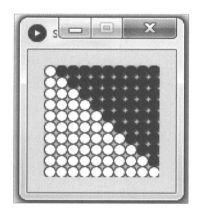

**FIGURE 7** 원의 2차원 배열

위 그림을 중첩 반복문을 통해 그려보자. 정답 코드는 다음과 같다. if 다음에 오는 fill() 함수가 원 내부의 색을 결정하며 if 와 else 바로 다음에 중괄호가 오지 않는 경우는 바로 다음 한 명령문 ─ fill(); ─만 중괄호가 된 것과 같은 효과가 있다는 것을 기억하자. 중첩 반복문은 자주 쓰이는 프로그래밍 기법이므로 많은 훈련을 통해 잘 익혀 놓도록 한다. 그리고 위의 두 가지 예는 2차 중첩을 보여주고 있으나 물론 임의의 차수만큼 중첩이 가능하다.

```
for(int n = 5; n <= 95; n += 10) {
  for(int m = 5; m <= 95; m += 10) {
    if(m <= n)  fill(255);
    else        fill(0);
    ellipse(m, n, 10, 10);
  }
}
```

## 1.5 도형과 컬러

### 도형 그리기

프로세싱의 2차원 좌표계를 살펴보면 실행 윈도우의 왼쪽 위편이 원점(0,0)이다. 즉 오른쪽으로 갈수록 x 좌표가 커지고 위쪽에서 아래쪽으로 내려올수록 y 좌표가 커지게 된다. 윈도우에 보이는 x, y 값의 최대값은 윈도우의 크기가 결정하는데 width는 윈도우의 폭을, height는 윈도우의 높이를 가지고 있는 키워드 변수이다. 좌표계의 단위는 픽셀이다. 픽셀은 스크린상의 격자형 샘플 위치를 의미하며 윈도우의 default 크기는 100x100픽셀이다. 다음은 프로세싱의 기본 도형을 그리기 위한 함수들이다.

**TABLE 5** 프로세싱 기본 도형 그리기

| 함수 | 도형 | 함수 | 도형 |
|---|---|---|---|
| width<br><br>point(x,y) | (x,y) | rect(x, y, width, height) | (x,y)<br>height<br>width |
| line(x1, y1, x2, y2) | (x1, y1)<br>(x2, y2) | ellipse(x, y, width, height) | (x,y)<br>height<br>width |
| quad(x1, y1, x2, y2, x3, y3, x4, y4) | (x1, y1) (x4, y4)<br>(x2, y2) (x3, y3) | bezier(x1, y1, cx1, cy1, cx2, cy2, x2, y2) | (cx1, cy1)<br>(x1, y1)<br>(cx2, cy2)<br>(x2, y2) |

rect()는 ellipse()와는 달리 처음 두 숫자가 사각형의 중심이 아닌 왼쪽 위 점을 가리킨다는 것과 bezier()의 경우는 두 번째와 세 번째 점은 도형 위의 점이 아닌 접선을 구성하는 점이라는 것을 유의하자. 도형을 그리는 선과 색을 조절하는 함수는 다음과 같다.

```
noStroke();                    // 테두리 선을 없앤다
noFill();                      // 도형 내부의 색을 없애고 투명하게 만든다
strokeWeight(/* 픽셀 */);      // 테두리선의 두께를 규정한다
smooth();                      // anti-aliasing 을 적용해 부드럽게 한다
noSmooth();                    // anti-aliasing 을 적용하지 않는다
```

이 외에 임의의 다각형 도형을 그리기 위해서는 vertex(x,y) 리스트를 beginShape()와 endShape() 사이에 위치시키는 방법이 있다. 그 옵션들을 살펴보기 위해 프로세싱 웹사이트의 레퍼런스(https://www.processing.org/reference/beginShape_.html)를 참조하길 바란다.

## 컬러

프로세싱은 컬러를 지정하기 위해 독자적인 데이터 타입을 가지고 있는데 바로 color형 변수이다. 숫자의 조합으로 지정될 수 있으며 1개일 경우 gray scale 컬러를 의미하며 0에서 255까지의 숫자를 사용할 수 있는데 0은 검은색, 255는 흰색을 의미한다. 2개일 경우 첫 번째 수는 gray scale 컬러를, 두 번째 수는 투명도를 의미하며 투명도 역시 0에서 255 숫자를 사용하는데 0은 완전 투명, 255는 완전 불투명을 의미한다. 숫자가 3개일 경우는 각각 R, G, B 색의 요소를 의미하며 역시 0에서 255까지의 숫자를 사용하고, 숫자가 4개일 경우 처음 3개는 RGB, 마지막 하나는 투명도를 나타낸다.

```
background(200, 250, 10, 12);        // 배경색을 지정한다
fill(50, 250, 100);                  // 도형 내부색을 지정한다
stroke(0, 0, 255);                   // 윤곽선의 색을 지정한다
ellipse(50, 50, 80, 80);
```

위 코드를 각각 color형 변수를 사용해서 아래와 같이 바꾸어도 동일한 결과를 얻을 수 있다.

```
color backColor = color (200, 250, 10, 12);
color fillColor = color (50, 250, 100);
color strokeColor = color (0, 0, 255);
background(backColor);
fill(fillColor);
stroke(strokeColor);
ellipse(50, 50, 80, 80);
```

마지막으로 컬러 모드를 바꿀 수 있는데, RGB 모드에서 HSB(Hue, Saturation, Brightness)로 변경하기 위해서는 colorMode(HSB)를 사용한다. Hue(색상), Saturation(탁도), Brightness(밝기)를 의미하므로 RGB를 사용한 색상보다 훨씬 직관적이다. 범위도 바꿀 수 있는데 예를 들어 기본 0~255를 0~1.0으로 바꾸고 싶으면

```
colorMode(HSB, 1.0);
```

을 사용한다. 또한 HSB 각각의 범위를 따로 정할 수도 있는데

```
colorMode(HSB, 360, 100, 100);
```

의 경우 H는 0에서 360까지, S와 B는 0에서 100까지의 범위를 가지게 된다.

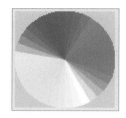

위의 효과를 위해 아래의 코드를 사용하였다. Hue의 범위를 0에서 360까지 지정하여 원을 0에서 360도 한 바퀴 도는 동안의 각도가 바로 Hue값이 될 수 있도록 하였다. 각도의 경우 sin이나 cos 함수에 사용되기 위해서는 라디안 값으로 변경되어야 하는데 radians() 함수를 사용하면 손쉽게 바꿀 수 있다.

```
void setup()
{
  noStroke();
  smooth();
  colorMode(HSB, 360, 10, 10);
}

void draw()
{
  for(int i=0; i<360; i+=10){
      fill(i, 10, 10);
      triangle(50, 50,
              50 + 50 * cos(radians(i)),    50 + 50 * sin(radians(i)),
              50 + 50 * cos(radians(i+10)), 50 + 50 * sin(radians(i+10)));
  }
}
```

# 1.6 이미지

프로세싱에서 파일을 저장하기 위해서는 메뉴바의 파일을 선택한 후 '저장'을 누르면 된다.
그러면 프로그램(프로세싱은 이를 '스케치'라고 부른다)이 저장될 기본 폴더의 위치가 나타
나는데, 이 위치는 메뉴바의 파일 → 설정에서 '스케치 폴더 위치'에 의해 규정된다. 윈도우
운영체제, 버전 2.05a 기준으로 문서 폴더 아래 프로세싱 폴더(Documents₩Processing)
에 저장되며 각 스케치는 기본적으로 'sketch_생성날짜알파벳'이라는 이름을 부여받는데
이는 사용자에 의해 변경 가능하다. 하나 기억해야 할 것은 프로세싱 파일이 처음 저장될
때 같은 이름을 가진 폴더가 동시에 생성된다. 다시 말해 abc라는 스케칭 폴더 아래 그와
같은 이름을 가진 프로세싱 파일 abc.pde가 항상 존재해야 한다.

하나의 스케치에서 이미지를 활용하고 싶다면 이미지 파일을 스케치 폴더에 옮겨야 하는
데 이를 위해 이미지 파일을 드래그하여 스케치의 코드가 있는 에디터 화면에 드롭을 하
면 된다. 그리고 스케치 폴더를 다시 살펴보면(메뉴바 스케치 → 스케치 폴더 열기) data라
는 폴더가 생성되고 그 안에 이미지 파일이 복사된 것을 확인할 수 있다. 드래그-드롭 대
신 데이터 폴더를 만들고 그 안에 복사를 해도 된다. 이미지를 실행 윈도우에 그려주는 순
서는 다음과 같다.

```
PImage img;                  // PImage 타입 변수를 선언한다
img = loadImage ("name.jpg");  // 데이터 폴더의 이미지를 변수에 연결한다

image(img, x, y);            // 이미지의 왼쪽 위가 (x,y) 지점에 오도록 그려준다
image(img, x, y, w, h);      // 왼쪽 위가 (x,y) 이고 폭과 높이가 (w,h)가 되도록 그려준다
```

아래 예제를 살펴보자.

```
PImage img1, img2; // 2개의 이미지를 위한 PImage 변수들
```

```
void setup()
{
    size(1024, 768);          //이미지 사이즈에 맞게 윈도우의 크기를 조절하였다
    img1 = loadImage("Penguins.jpg");
    img2 = loadImage("Desert.jpg");
}

void draw()
{
    image(img1, 0, 0);
    image(img2, 300, 300, 500, 400);
}
```

명심해야 할 것은 loadImage()는 setup()에, image()는 draw()에 넣는 것이다. loadImage()는 파일로 존재하는 이미지를 컴퓨터 메모리에 '올려놓는' 일을 하게 된다. 쉽게 말해 이미지를 '준비시킨다'라고 생각하면 되는데, 문제는 이것이 시간이 걸리고 또 컴퓨터 메모리를 잡아먹는다는 것이다. 따라서 loadImage()를 draw()에 위치시킨다면 불필요하게 1초에 수십 번씩 이미지 파일을 메모리에 올려놓으므로 시간이 훨씬 오래 걸리고 이미지 파일 크기가 클 경우 프로그램이 컴퓨터의 메모리를 빠르게 잡아먹는 현상을 관찰할 수 있다. loadImage()는 파일을 메모리상에 올려놓아 컴퓨터 프로그램이 활용할 수 있

도록 해 주는 것으로 setup()에서 이미지당 한번만 하면 된다는 것을 명심하자. 이와는 다르게 image() 함수는 메모리에 로드된 파일을 실행 윈도우에 '그려주는' 역할을 한다. 따라서 항상 loadImage()가 된 후의 PImage 변수를 사용하여야 하며 연속적으로 실행될 수 있도록 draw() 안에 위치시킨다.

또 하나 주목할 것은 PImage 변수들이 선언되는 위치인데 다른 변수들과 달리 프로그램의 맨 위에 위치한다. 이유는 변수들이 setup()과 draw() 두 함수에 다 사용되고 있기 때문인데 만일 한 함수 안에만 존재한다면 다른 함수에서는 이 변수들을 알 수 없는 상태가 된다. 그리고 만일에 두 함수에다가 각각 변수들을 선언한다면 (이름이 같더라도) 2개의 서로 다른 변수를 의미하는 것이 되어 버린다. 이것은 변수의 범위(scope) 개념으로 나중에 더 다루도록 한다.

연습으로 다음 효과를 프로그램해 보도록 하자. 픽셀화된 이미지이다.

```
PImage img;
void setup() {
    size(1024, 768);                  // 이미지 크기와 윈도우 크기를 일치시킴
    img = loadImage("Tulips.jpg");    // 이미지를 메모리에 로드함
}

void draw() {
    int rectSize = 16;                // 작은 정사각형의 크기를 16픽셀로 한다
    for(int i = 0; i < width; i += rectSize) {
```

```
      for(int j = 0; j < height; j += rectSize) {
         color rectColor = img.get(i,j);          // (i,j) 위치의 컬러값을 전체 정사각형 컬러로 함
         fill(rectColor);
         rect(i, j, rectSize, rectSize);
      }
    }
  }
```

위에서 핵심이 되는 부분은 중첩된 반복문으로, 전체 이미지를 x와 y 방향으로 rectSize 만큼 건너뛰면서 스캔한다. get(i, j) 함수는 특정 위치에서의 컬러값을 돌려주며 이를 fill() 에 사용하여 각 작은 정사각형 영역을 그릴 때 사용한다. 주목할 것은 image() 함수가 사용되지 않은 것인데 원래 오리지널 이미지를 그릴 필요가 없기 때문에 그렇다. 또 주목할 것은 size()를 사용하여서 원래 이미지의 폭과 높이 크기만큼 실행 윈도우 이미지 크기를 조절하는 것이다. 만일 이런 작업이 없다면 이미지의 일부만 윈도우에 보이거나 아니면 이미지가 윈도우 전체를 커버하지 않는 결과가 나타난다. 만일 image(img, 0, 0, width, height)를 사용하여서 이미지를 강제로 윈도우 크기에 맞출 경우 img.get(i, j)의 컬러값과와 윈도우 상의 (i, j)번째 픽셀의 컬러값이 동일하지 않게 되는데, 이는 원 이미지가 윈도우 크기가 되도록 그 비율을 조정하였기 때문이다.

# 1.7 객체

## 문자열(String) 타입

변수 타입 중 1개의 문자를 나타낼 수 있는 것은 character형으로 문자를 ' '(작은따옴표) 사이에 위치시킨 데이터를 받는다. 즉 다음과 같이 정의할 수 있다.

```
char singleLetter = 'A';
```

A와 같이 영문 키보드로 입력할 수 있는 모든 부호를 컴퓨터가 이해하는 숫자 코드로 변환할 수 있는데, 이를 나열한 것을 아스키 표(Ascii Table)라고 부른다. char형을 정수형으로 출력하면 아스키 값을 알 수 있다.

```
int ascA = 'A';
print("ascii value of A is" + ascA);
```

"ascii value of A is 65"라는 출력값을 얻을 수 있다.

문자열, 즉 여러 개의 문자를 저장하고 싶을 때에는 문자열 타입을 사용한다. String을 사용하며 다른 기본 데이터형(정수형, 부울형, 부동소수점형 등)과 다른 클래스형으로 자세한 설명은 2.1장에서 소개하기로 한다. 지금은 String형은 기본 데이터형과 다르게 데이터를 조작할 수 있는 여러가지 기능을 자기 내부에 가지고 있다고 기억하기로 하자. 그 사용 예는 다음과 같다.

```
String letters = "Hello World!";
String singleLetterString = "A";
```

쌍따옴표 사이에 문자열을 위치시키며 1개의 문자일지라도 쌍따옴표이면 char형이 아닌 String형이 된다. String형을 설명한 프로세싱 레퍼런스 페이지(https://www.processing.org/reference/String.html)를 살펴보자.

---

This reference is for Processing 3.0+. If you have a previous version, use the reference included with your software in the Help menu. If you see any errors or have suggestions, please let us know. If you prefer a more technical reference, visit the Processing Core Javadoc and Libraries Javadoc.

| Name | String |
|------|--------|

**Examples**
```
String str1 = "CCCP";
char data[] = {'C', 'C', 'C', 'P'};
String str2 = new String(data);
println(str1);  // Prints "CCCP" to the console
println(str2);  // Prints "CCCP" to the console
```

| Methods | | |
|---------|--------|---|
| | charAt() | Returns the character at the specified index |
| | equals() | Compares a string to a specified object |
| | indexOf() | Returns the index value of the first occurrence of a substring within the input string |
| | length() | Returns the number of characters in the input string |
| | substring() | Returns a new string that is part of the input string |
| | toLowerCase() | Converts all the characters to lower case |
| | toUpperCase() | Converts all the characters to upper case |

**Constructor**
```
String(data)
String(data, offset, length)
```

| Parameters | | |
|------------|------|---|
| | data | byte[] or char[]: either an array of bytes to be decoded into characters, or an array of characters to be combined into a string |
| | offset | int: index of the first character |
| | length | int: number of characters |

---

사용 예시와 설명의 아래를 보면 Methods, Constructor, Parameters를 볼 수 있다. Methods 는 변수를 통해 불러올 수 있는 클래스 함수를 의미하며 '.' 연산자를 사용하여 불러올 수 있

다. 각 함수 이름을 클릭하여 사용방법을 살펴보도록 하자. Constructor의 경우 String 데이터 형을 생성하는 방법을 보여준다.

```
String a = "Hello";
String b = new String("Hello");
char data[] = {'H', 'e', 'l', 'l', 'o'};
String c = new String(data);
String d = new String(data, 2, 3);
```

a, b, c, d는 각각 다른 방법으로 String 데이터를 생성하는 방법을 나타낸다. b와 c는 첫 번째 Constructor 방법(String(data))을 사용한 사실상 동일한 방법으로 new는 새로운 클래스 변수를 생성하기 위해 필요한 키워드이다. d는 두 번째 Constructor 방법(String(data, offset, length))인데 data 배열의 2번째 인덱스부터 3개의 문자를 이용해서 데이터를 만들라는 의미이다. 배열은 아직 학습하지 않았지만 그 인덱스가 항상 0부터 시작하는 것을 염두에 두면 H의 인덱스는 0, e의 인덱스는 1, l 의 인덱스는 2, l의 인덱스는 3, o의 인덱스는 4가 된다. 따라서 변수 d는 첫 번째 l부터 시작해서 세 글자를 포함한 문자열, 즉 "llo"가 된다.

### 객체(Object)

PImage나 String과 같이 저장된 데이터의 상태나 조작 방식을 자체 내로 정의하고 있는 데이터 타입을 클래스라고 한다. 즉 이미지나 문자열을 저장하고 그 저장된 데이터의 특성에 접근하거나 데이터를 조작하고 싶을 때 점 연산자(.)로 이미 PImage나 String 클래스에 의해 구현된 기능을 사용할 수 있으며, 그러한 정보는 API(Application Programming Interface) 문서에 정리되어 있다. 클래스는 이미 프로세싱에서 제공된 것도 있지만 사용자가 임의로 만드는 것도 가능하다. 예를 들어 축구 게임의 선수를 나타내는 클래스를 정의하고 싶을 때 그 내부 데이터로 번호, 포지션, 성별, 스피드 등이 될 수 있으며 함수로는 슈팅하기, 이동하기, 점프하기 등이 그 예가 될 수 있다.

이러한 클래스 타입을 가진 변수를 객체(Object)라고 하며 클래스라는 템플릿 혹은 틀을 사용하여 실체화된 개체라고 생각하면 된다. 즉 축구 선구 클래스의 경우 실제 플레이어인 '메시'나 '이영표'가 바로 객체가 되며 각 플레이어의 서로 다른 특징은 바로 constructor를 사용하여 변수, 즉 객체를 생성할 때에 정의되게 된다.

PImage를 통해 클래스의 사용법을 더 구체적으로 알아보자. 다음은 PImage 레퍼런스 페이지(https://www.processing.org/reference/PImage.html)의 일부이다. 먼저 Fields라는 항목에 있는 width와 height를 사용해보자.

| **Fields** | pixels[] | Array containing the color of every pixel in the image |
| | width | Image width |
| | height | Image height |
| | | |
| **Methods** | loadPixels() | Loads the pixel data for the image into its pixels[] array |
| | updatePixels() | Updates the image with the data in its pixels[] array |
| | resize() | Changes the size of an image to a new width and height |
| | get() | Reads the color of any pixel or grabs a rectangle of pixels |
| | set() | writes a color to any pixel or writes an image into another |

```
PImage img = loadImage("example.jpg");
println("width of image is " + img.width + " and height is " + img.height);
```

Fields는 Methods와 달리 클래스 내부의 데이터이다. Image의 경우 width와 height가 그 예이고 직접 접근할 수 있으나 많은 경우 보호 권한이 부여되어 있어 직접 접근은 불가능하고 다른 Methods를 통해 간접적으로 접근하게 된다. 예를 들면, getWidth()나 getHeight()로 접근하도록 디자인했을 수도 있다. Fields는 함수가 아니라 데이터이므로 사용할 때에 괄호 ()가 붙지 않는다.

```
size(1024, 768);
PImage img = loadImage("example.jpg");
PImage subImg = img.get(256, 192, 512, 384);
image(img, 0, 0);
image(subImg, 0, 0);
```

위 코드를 보면 get()을 사용해서 이미지의 일부 영역을 가진 subImg를 생성하였다. 이를 원래 이미지와 함께 image()를 사용하여 그리면 아래 그림과 같은 결과를 얻을 수 있다. get()은 Methods이므로 함수이고 괄호와 적합한 숫자 데이터(전달인자, argument라고 함)를 보내주게 된다. 이와 관련해 함수에서 더 깊이 다루도록 한다.

## 1.8 난수와 변형

**난수 생성(random)**

프로그래밍 중에 꽤 많이 쓰이는 경우가 무작위로 수를 생성해야 할 때이다. 이럴 경우 random() 함수를 사용할 수 있는데, 다음 두 가지 문법이 가능하다.

```
random(high) // 0 부터 high 숫자 사이의 부동소수형 수를 리턴한다
random(low, high) // low와 high 사이의 부동소수형 수를 리턴한다
```

주의할 것은 두 번째 형식의 경우 low는 범위에 포함되나 high는 포함하지 않는, 즉 [low, high)의 수를 리턴한다는 것이다. 그리고 받아들이는 수나 리턴하는 수의 형식이 부동소수점 타입(float)이므로 정수형의 값이 필요할 때에는 이를 명시적으로 변환(explicit conversion)해줄 필요가 있다.

```
for(int i=0; i<100; i++) {
    int rollDice =(int) random(1, 7);
    println("rollDice is " + rollDice);
}
```

위 코드는 주사위의 수 1~6을 무작위적으로 100개 생성하는 것이다. random()의 범위가 최소가 1, 최대가 7로 지정되어 1을 포함하나 7은 포함하지 않는 1과 7사이의 부동소수형 수를 생성하며 정수형으로의 명시적 변환을 나타내는 (int)는 내림을 통해 정수를 생성하므로 결과적으로 rollDice는 1에서 6까지 범위의 정수가 된다. 참고로 random(1, 7)에서 1과 7은 암시적 변환(implicit conversion)에 의해 1은 1.0으로, 7은 7.0으로 변환되어 함수에 전달됨을 유의하자. 정수형과 부동소수형은 프로그램 내부에서 분명히 다르게 다루어지며 따라서 함수의 사용법을 참고할 때 어떤 형의 데이터가 사용되는지 분명하게 알아야

한다. 프로그램 내에서 정수형이 사용되었으나 내부적으로 부동소수형으로 암시적으로 바뀌는 경우도 잘 구분할 수 있어야 한다.

## 변형(transformation)

이미 그려진 도형에 변환을 가하여 그 모양을 변화시킬 수 있는데 이를 변형(transformation)이라고 한다. 변형에는 세 가지 종류가 있다. 첫째는 도형의 모양을 바꾸지 않고 위치만 움직이는 이동(translation), 둘째는 도형의 크기만을 조절하는 스케일링(scaling), 그리고 마지막은 도형을 회전시킬 수 있는 회전(rotation)이다. 다음 이동 문법을 살펴보자.

```
void draw()
{
  fill(255, 0, 0);
  ellipse(30, 30, 40, 40);  // red circle
  translate(20, 20);
  fill(0, 255, 0);
  ellipse(30, 30, 40, 40);  // green circle
  translate(20, 20);
  fill(0, 0, 255);
  ellipse(30, 30, 40, 40);  // blue circle
}
```

자세히 살펴보면 ellipse() 명령어 자체는 위치나 크기가 모두 같은데 위에서부터 아래로 빨간색, 초록색, 파란색 원이 차례대로 그려졌다. 이는 translate() 명령어 가가지는 효과 때문에 그러한데 translate(x, y)는 그 이후에 그려지는 도형을 (x, y)만큼 이동시키는 효과를 가진다. 따라서 붉은 원은 ellipse()에 의해 지정된 위치(30, 30)에 그려지며 초록색 원은 그 윗줄에 있는 translate()에 의해 원래 위치(30, 30)에서 (20, 20)만큼 더해진 지점에 그려진다. 파란색 원은 그려지기 이전에 translate(20, 20)이 2개가 있었으므로 (30, 30)에서 (20, 20)만큼 두 번 이동한 지점에 그려지게 된다.

```
void setup()
{
  size(200, 200);
}
void draw()
{
  fill(255, 0, 0);
  ellipse(50, 50, 50, 50);
  scale(2.0);
  fill(0, 255, 0);
  ellipse(50, 50, 50, 50);
}
```

위 코드는 같은 ellipse() 명령어에 scale을 적용하였는데 scale() 명령어가 불린 후에 그린 초록색 원이 두 배 더 커져 있다. 유의할 것은 원점을 중심으로 한 스케일링이기 때문에 보기와 같이 중심의 위치도 같이 움직일 수 있다. scale(x, y)와 같이 2개의 숫자를 보낼 경우 각각 x방향 및 y방향 스케일을 정의한다.

```
void draw()
{
  fill(255, 0, 0);
  ellipse(50, 0, 20, 20);
  rotate(radians(45));
  fill(0, 255, 0);
  ellipse(50, 0, 20, 20);
  rotate(radians(45));
  fill(0, 0, 255);
  ellipse(50, 0, 20, 20);
}
```

위 코드는 같은 ellipse() 명령어가 rotate()에 의해서 서로 다른 위치에 원을 그리는 것을 보여준다. 원점을 중심으로 회전하며 rotate() 함수는 각도를 radian 값을 받기 때문에 radians() 함수를 사용하여 45도를 라디안 값으로 변형한 후 rotate() 함수에 보내주었다. 회전 방향은 시계방향임을 알 수 있으며 역시 translate()와 같이 그 변형의 효과가 누적되기 때문에 45도 두 번 회전된 파란색 원의 경우 90도 회전된 위치에 그려졌다.

반면에 이러한 변형들이 여러 종류가 같이 존재하는 경우가 있는데 도형이 그려질 때 그 이전에 불렸던 변형들이 항상 역순으로 적용이 된다. 즉 변형 A, B, C가 순차적으로 불린 후 도형을 그릴 때에는 C, B, A 순으로 도형에 변형을 적용한다. 가장 그 효과가 극명하게 달라지는 경우는 translate()와 rotate()가 서로 다른 순서로 불릴 때이다.

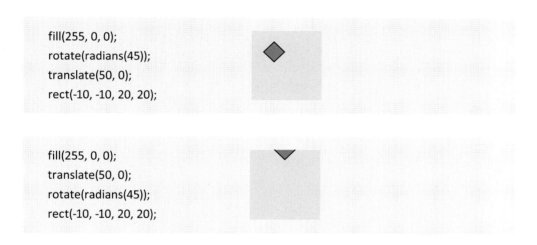

첫 번째의 경우 원점의 정사각형이 (50,0)만큼 이동한 후 원점을 중심으로 45도 시계방향으로 회전한 경우이고, 두 번째는 원점의 정사각형이 45도 만큼 시계방향으로 회전한 후 (50,0)만큼 이동한 경우이다. 대개 두 번째 효과를 원하는 경우가 많은데 그 차이를 잘 알고 쓰도록 하자.

위의 경우에서 유추할 수 있는 것은 변형의 경우 translate(), rotate(), scale()이 불릴 때마다 이들이 누적되어 저장되는 공간이 따로 있고 도형이 그려질 때마다 이 변형 저장 공간이 참조된다는 것이다. 이 변형 공간을 변형 스택(transformation stack)이라고 부르는데 스택은 병과 같이 한쪽 끝이 막혀 있고 다른 뚫려 있는 쪽을 통해서 데이터가 쌓이고 빠져 나가는 구조를 의미한다. 따라서 새로운 변형 함수가 불릴 때마다 이 변형 스택에 하나 쌓이게 되고 도형이 그려질 때 가장 병 입구에 가까이 있는 변형부터 안쪽으로 변형이 순차적으로 적용이 된다. 여태까지 스택에 계속 변형이 쌓이는 경우만 보아 왔는데 그 스택에서 변형을 제거하는 경우를 알아보자.

```
void draw()
{
  pushMatrix();
  translate(20, 20);
  fill(255, 0, 0);
  rect(10, 10, 40, 20);  // translate()에 의해 영향을 받는다
  popMatrix();
  fill(0, 255, 0);
  rect(10, 10, 40, 20); // translate()의 영향을 받지 않는다
}
```

위의 예에서 pushMatrix()는 변형 스택에서 현재 스택을 기억하는 명령어이고, popMatrix()는 가장 최근에 pushMatrix()에 의해서 기억된 상황으로 되돌리도록 기억된 이후에 축적된 변형 명령어를 스택으로부터 제거하는 명령어이다. 즉, 위 코드에서는 pushMatrix()는 아무런 변형이 없는 상태를 기억하게 되고, popMatrix()는 이후 스택에 추가된 translate()를 제거하게 된다. 따라서 두 번째 rect()가 그려질 때 스택은 아무 변형 명령어를 가지고 있지 않으므로 translate()에 의해 영향을 받지 않는다. 다음의 프로그램을 살펴보자.

```
pushMatrix();              // 비어 있는 상태 기억
translate(10, 10);         // 변형 A
ellipse(0, 0, 50, 50);     // 변형 A에 의해 영향을 받음
pushMatrix();              // 변형 A가 있는 상태 기억
rotate(radians(45));       // 변형 B 추가
ellipse(0, 0, 50, 50);     // 변형 B, A 순으로 영향 받음
popMatrix();               // 변형 B를 제거하고 A만 있는 상태로 돌아감
```

```
ellipse(0, 0, 50, 50);              // 변형 A에 의해 영향 받음
popMatrix();                        // 변형 A를 제거하고 비어 있는 상태로 돌아감
ellipse(0, 0, 50, 50);              // 아무런 변형에 의해 영향 받지 않음
```

pushMatrix()와 popMatrix()는 대부분 짝을 이루어서 나타나며 관절 부분 등을 표현하는 데에 매우 유용한 방법이다. 프로그램 상에서 변형을 적용해야 할 경우 그 적용 범위를 파악하고 pushMatrix()와 popMatrix()로 제한하도록 하자. 변형의 효과가 다른 코드로 의도하지 않게 전파되는 것을 막을 수 있고 불필요한 변형 누적으로 인한 계산으로 프로그램이 느려지는 것도 막을 수 있다.

연습으로 100개의 타원을 무작위적인 위치에 임의의 각도로 회전하여 그려보도록 하자. 컬러 역시 무작위로 빨강, 초록, 파랑 중에 하나를 선택하도록 하자. 참고로 draw()를 사용하지 않았는데 왜 그래야 하는지도 생각해보자.

```
size(500, 500);

for(int i=0; i<100; i++) {

    int dice = (int)random(1.0, 4.0);
    if(dice == 1)      fill(255, 0, 0);
    else if(dice == 2) fill(0, 255, 0);
    else               fill(0, 0, 255);

    pushMatrix();
    translate(random(width), random
    (height));
    rotate(radians(random(180)));
    ellipse(0, 0, 30, 10);
    popMatrix();

}
```

## 1.9 애니메이션

시간에 따라 변화하는 시각적 효과를 위해서는 움직이는 이미지들을 연속적으로 그려 주어야 하는데, 이를 위해서 draw() 함수 내에 각 이미지, 다른 말로 프레임을 어떻게 그릴 것인지를 지정해 주게 된다. 또한 이 프레임들은 사람의 눈이 눈치채지 못할 만큼의 속도로 빠르게 교체되어야 한다. 1초 동안 몇 개의 프레임이 그려지는가는 frameRate 변수를 조회해보면 알 수 있으며 처음 값은 10(fps)이나 프레임이 지날수록 60(fps)로 상승함을 알 수 있다. 이 값을 조절하는 것은 frameRate(int) 함수이며 60보다 작은 정수값을 보내면 원래 애니메이션 속도보다 느려짐을 발견할 수 있다.

```
void setup() {
  frameRate(30);
}

int x = 0;
void draw() {
  line(x, 0, x, height);
  x++;
}
```

위 코드는 시간이 갈수록 검은색 영역이 커지는 것을 표현한다. 그렇다면 하나의 선이 좌에서 우로 이동하게 하려면 어떻게 해야 할까?

```
int x = 0;
void draw() {
  background(200);
  line(x, 0, x, height);
  x++;
}
```

위와 같이 background()를 추가해주면 각 프레임을 시작하기 전에 배경색으로 전체를 다시 칠해주기 때문에 이전 프레임이 누적되지 않는 효과가 있다. 다음 효과에 대해 살펴보자.

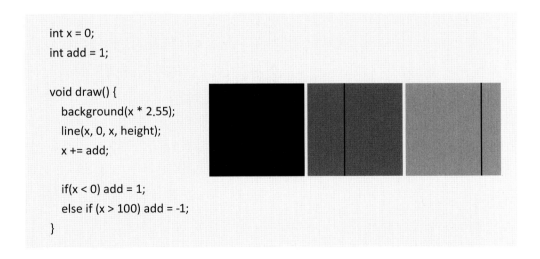

```
int x = 0;
void draw() {
    background(x*2.55);
    line(x, 0, x, height);
    x++;
}
```

background(x*2.55)에서 x*2.55가 x가 0에서 100까지 변함에 따라 0에서 255까지 변함으로 따라서 점점 배경색이 밝아지는 효과를 가지게 된다. 이번에는 움직이는 라인이 좌, 우 벽에 부딪혔을 때 반사해서 되돌아오는 효과를 만들자.

```
int x = 0;
int add = 1;

void draw() {
    background(x * 2.55);
    line(x, 0, x, height);
    x += add;

    if(x < 0) add = 1;
    else if (x > 100) add = -1;
}
```

add라는 변수를 하나 추가함으로써 쉽게 구현할 수 있다. 왼쪽 벽에 부딪힐 경우는 1로, 오른쪽 벽에 부딪혔을 때는 –1을 가지는데 마치 움직이는 방향을 지정하는 역할을 한다고 생각하면 이해하기 쉽다.

## 변수 유효 영역(variable scope)

유효 영역은 변수가 사용될 수 있는 범위를 말하는데 변수는 유효 영역의 종류에 따라 전역 변수(global variable)와 지역 변수(local variable)로 나뉜다. 먼저 지역 변수는 특정 블록 내에서만 유효한 변수로 그 변수가 선언된 이후부터 블록이 닫힐 때까지 자신이 속한 블록과 그 내부 블록에서만 유효하다.

```
void draw() {
    int total = 0;
    for(int i = 0; i <100; i++) {
        total += i;
    }
    println("total is " + total);  // valid
    println("i is " + i);          // error!
}
```

즉 위 코드에서 변수 total은 자기가 선언된 지점에서부터 draw() 함수가 끝나는 }까지 유효하며 for 문 내부에서도 유효하다. 그러나 변수 i는 for 문 내부에서 선언된 것으로 보므로 for 문이 끝날 때 더 이상 유효하지 않게 되며 따라서 그 이후 i는 사용할 수 없다. 전역 변수는 이와는 다르게 프로그램의 그 어떤 부분에서도 사용할 수 있다. 우리가 살펴 보게 될 다음 코드에서 x가 전역 변수인데 이는 애니메이션 효과를 위해 이전 프레임에서 x가 어떤 값을 가졌는지 알아야 하기 때문이다. 즉, 만일 x가 draw() 내부에 들어가 지역 변수가 된다면 draw() 함수가 불릴 때마다 새로운 x 변수가 생성, 0으로 초기화되면 실행 윈도우에서 라인은 항상 제자리에 머물러 있게 될 것이다. 이렇듯 프로세싱에서는 애니메이션 효과를 위해 전역 변수의 사용이 유용하다. 그러나 지역 변수로 해결이 가능한 곳에 전역 변수를 사용하는 것은 불필요하게 리소스 부담을 증가시키고 코드에 혼란을 주므로 사용을 삼가도록 한다. 참고로 지역 변수와 전역 변수가 이름을 같게 할 경우 지역 변수가 유효한 지역에서는 지역 변수가, 그렇지 않은 지역에서는 전역 변수가 유효하게 된다. 그러나 특별한 이유 없이 이름을 중복시키지 않도록 하자.

```
int x = 0;
void draw() {
  background(x*2.55);
  line(x, 0, x, height);
  x++;
}
```

## 도형 회전하기

다음은 정사각형을 회전시키는 프로그램이다. 배경을 background() 대신 투명도를 가진 사각형으로 그려줌으로써 움직이는 도형의 흔적이 같이 보이는 효과를 가진다. 또한 회전 각도를 표시하기 위해 angle을 전역 변수로 선언하고 draw()가 불릴 때마다 조금씩 증가시켜 주었다.

```
float angle = 0.0;
void draw() {
  fill(120, 12);
  rect(0,0,width, height);
  translate(50,50);
  rotate(angle);
  fill(255);
  rect(-15, -15, 30, 30);
  angle += 0.02;
}
```

마지막으로 draw() 안에 위치한 translate()과 rotate()는 그 효과가 다음 draw 함수 호출까지 누적되지 않는다는 것에 유의하자. 그러나 draw() 외에 다른 함수가 변형을 가질 경우 그 효과는 누적이 된다. 즉 다음 코드에서 함수 drawBox()를 불러줄 때마다 그 내부에 있는 변형은 다음 drawBox() 호출에 영향을 주어 두 번째 정사각형에 영향을 주었다. 그러나 위에서 보이는 draw()의 경우 이전 draw() 호출에 있는 변형이 다음 draw() 호출에 영향을 주지 않는다. 이러한 메커니즘을 기억하기 어렵다면 가장 확실한 방법은 그 효과가 누적되지 않기를 원하는 변형을 pushMatrix()와 popMatrix()로 둘러싸는 것이다.

```
void setup() {
  drawBox();
  drawBox();
}

float angle = 0.0;
void drawBox() {
  translate(50,50);
  rotate(angle);
  fill(255);
  rect(-15, -15, 30, 30);
  angle += 0.02;
}
```

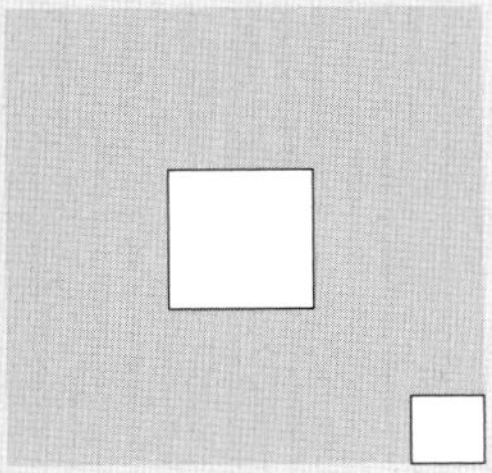

## 블록게임 만들기

여태까지 학습한 개념을 가지고 간단한 인터렉티브 게임을 제작해 보자. 아래 그림과 같이 원 하나가 직선운동을 하는데 벽에 부딪히게 되면 같은 각도로 반사되게 된다. 사각형 버튼을 마우스로 누르면 원의 색이 무작위로 변하게 되며 화면 아래 직사각형은 화살표 키를 이용해 좌우로 움직일 수 있다. 원이 화면 아랫부분을 지날 때 직사각형과 부딪히지 않으면 계속 이동, 화면에서 사라지게 된다.

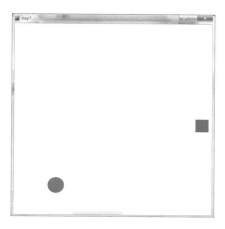

가장 먼저 해야 할 것은 원이 직선 운동을 하다가 벽에 부딪히면 튕겨 오르는 것을 애니메이션하는 것이다.

```
int posX, posY;                    // 위치 전역 변수
int directX, directY;              // 움직이는 방향 전역 변수
color c;                           // 원의 컬러 전역 변수

void setup() {
  size(600, 600);

  posX = width/3;                  // 초기 위치(x 좌표)
  posY = height/5;                 // 초기 위치(y 좌표)

  directX = 3;                     // 움직이는 방향(x축 요소)
  directY = 2;                     // 움직이는 방향(y축 요소)

  colorMode(HSB);
  c = color(0, 255, 255);
  noStroke();

  frameRate(300);
}
```

```
void draw(){
  background(250);

  fill(c);
  ellipse(posX, posY, 50, 50);

  // update posX & posY
  posX += directX;                           // 프레임마다 움직이는 x 방향
  posY += directY;                           // 프레임마다 움직이는 y 방향

  // update directX && directY
if (posX > width || posX < 0)                // 좌우 벽에 부딪힐 때 반사
  directX = -directX;
if (posY > height || posY < 0)               // 위아래 벽에 부딪힐 때 반사
  directY = -directY;
}
```

위 코드에서 directX와 directY는 각 프레임마다 변하는 x, y축의 값을 의미하며 좌우 벽에 부딪혔을 때에는 directX를, 위아래 벽에 부딪혔을 때에는 directY의 부호만 변화시켜주면 된다. 이후 원의 컬러를 바꾸어주는 사각형 버튼을 그리고 사각형 버튼이 눌릴 때마다 색이 변하는 효과를 주도록 하자.

```
void draw(){
  background(250);
  drawButton();
  ...... 이하 동일......                        // 버튼을 그려준다
}

void mousePressed(){
  if (mouseX > (width-50) &&                 // 마우스가 눌려졌을 때
      mouseX < (width-10) &&
      mouseY > (height/2) &&                 // 버튼이 눌려졌을 경우 c 값을
      mouseY < (height/2+40))                // 변경함으로써 원의 색을 변화시킨다
```

```
      c = color(random(255), 255, 255);
    }


    void drawButton() {
      fill(200, 255, 255);
      rect(width-50, height/2, 40, 40);            // 버튼을 그린다
    }
```

위 코드를 실행해보면 버튼을 누를 때마다 컬러의 hue 값이 무작위로 변하는 것을 알 수 있다. c는 원의 색을 나타내는 전역 변수이므로 mousePressed() 함수에서 값을 변경할 수 있다. mousePressed()는 마우스 왼쪽 버튼이 눌릴 때 자동으로 불리는 callback 함수이다. 다음으로는 맨 아래 직사각형이 컴퓨터 방향키로 조절되는 것을 구현해보자.

```
    int boardPos = 0;                         // 직사각형의 좌측 끝 x 좌표
    ... 이하 동일 ...


    void draw() {
      background(250);
      drawButton();
      drawBoard();                            // 보드 그려주기
      ......... 이하 동일.........
    }


    void drawBoard() {                        // 직사각형 그리기
      fill(100, 255, 255);
      rect(boardPos, height-10, 150, 10);
    }


    void keyPressed() {                       // 키보드가 눌릴 때
      if (key == CODED) {                     // 특수키일 때
        if (keyCode == LEFT) {                // 좌측 방향키
        boardPos -= 20;
        } else if (keyCode == RIGHT) {        // 우측 방향키
```

```
      boardPos += 20;
    }
  }
}
```

키보드 자판이 눌릴 때 불리는 함수, 키보드 callback 함수는 keyPressed()이며 특수키, 특히 방향키가 눌릴 때 쓰는 문법은 정해져 있으므로 key와 keyCode 키워드의 사용법을 잘 보도록 한다. 위 코드를 실행하면 아래 직사각형의 위치와 상관없이 원이 바닥에서 튀어 오르는 것을 볼 수 있다. 직사각형에 닿았을 경우에만 튀어 오르도록 해보자.

```
void draw(){
  background(250);

  fill(c);
  ellipse(posX, posY, 50, 50);

  // update posX & posY
  posX += directX;
  posY += directY;

  // update directX && directY
  if (posX > width || posX < 0)
  directX = -directX;

  if (posY < 0)
    directY = -directY;

  if (posY > height &&            // bounce off from the bottom only when hits the board
    posX > boardPos &&
  posX < (boardPos + 150))
    directY = -directY;
}
```

## 1.10 함수

우리가 학습했던 프로그램으로부터 함수의 예를 많이 찾을 수 있는데, 대표적으로 setup() 과 draw()이고 이외의 수많은 프로세싱 명령어들 — size(int, int), background(int), radians(float), fill() — 도 모두 함수의 예이다. 이들의 공통점은 데이터를 받아들이고, 특정 기능을 수행하고, 그 결과를 돌려준다는 데에 있다. 다음 프로그램 예를 살펴보자.

```
int func(int a, int b) {    // 함수의 리턴값, 이름, 파라미터들
   int sum = a + b;
   return sum;           // 계산 결과를 리턴
}
```

위 함수는 2개의 정수를 받아들여서 그 합을 돌려주는 사용자 정의 함수이다. 첫째 라인을 살펴보면 함수 이름 "func" 앞에 int라고 되어 있는데, 이는 함수의 결과값의 타입이 정수형이라는 뜻이다. 즉 이 함수를 불렀을 때 그 결과값이 존재하며 이를 정수 형식으로 저장할 수 있다는 말이다. 함수 이름 "func" 뒤에는 소괄호 안에 2개의 변수가 타입과 함께 제시되어 있는데 이렇듯 소괄호 안의 변수들을 함수의 매개 변수(parameter)라고 한다. 매개 변수는 간단히 말해 함수의 기능에 필요한 입력값이라고 할 수 있으며 이들의 유효 영역(scope)은 함수를 정의하는 대괄호 {}가 끝나는 지점까지이다. 함수의 리턴 타입과 매개 변수를 함수의 시그니처(signature)라고 한다. 다음 예도 살펴보자.

```
void drawX() {
   line(0, 0, width, height);
   line(width, 0, 0, height);
}
```

위 함수는 결과값의 타입 대신에 void라고 적혀 있는데 이는 함수가 결과로 돌려주는 값

이 없다는 뜻이다. 그리고 매개 변수 부분도 비어 있는데, 이는 입력값도 없다는 말이다. 함수 내부를 살펴보면 화면 크기의 X 모양을 그리는 것을 알 수 있다. 이렇듯 함수를 불러 주었을 때 상태의 변화(이 경우는 실행 윈도우에 나타나는 이미지)가 있는 경우 함수가 부수 효과(side effect)가 있다고 말한다.

두 정수가 같은지를 결정하는 함수를 정의하고 이를 불러보도록 하자.

```
void setup() {
   boolean equal = isEqual(3, 5);
   println("3 and 5 are equal: " + equal);
}
boolean isEqual(int a, int b) {
   return a==b;
}
```

isEqual(int, int) 함수는 2개의 정수형 변수를 받아들여 이 둘이 같은지를 boolean형 값으로 리턴하는 함수이다. 함수를 부를 때 3과 5를 입력값으로 보내주는데 이는 각각 함수 매개 변수인 a와 b가 갖는 값이 된다. 함수 내부에서 3==5의 결과인 boolean 값 false가 리턴되며 이 값은 불리언 변수 equal에 저장된 후 println을 사용하여 터미널에 출력된다. 이렇듯 함수를 부를 때 함수의 매개 변수에 맞는 값 혹은 값을 지닌 변수를 보내주며 함수가 돌려주는 결과값이 있을 경우 그 결과값을 새로운 변수에 저장할 수 있다.

함수를 만들 때 중요한 것은 매개 변수를 지정하는 것이다. 사용자의 측면에서 사용이 편리하면서도 콘트롤이 쉽도록 적절히 매개 변수를 조절하는 것이 키포인트이다. 다음 예를 살펴보자.

```
void setup(){
  noLoop();
}

void draw() {
  translate(30,50);
  for(int i=0; i<5; i++) {
    float angle = -PI/2.0 + 2.0*PI/5.0*i;
    float delta = 2.0*PI/10.0;
    float x0 = 10 * cos(angle - delta);
    float y0 = 10 * sin(angle - delta);
    float x1 = 30 * cos(angle);
    float y1 = 30 * sin(angle);
    float x2 = 10 * cos(angle + delta);
    float y2 = 10 * sin(angle + delta);
    line(x0, y0, x1, y1);
    line(x1, y1, x2, y2);
  }

  translate(40,20);
  for(int i=0; i<5; i++) {
    float angle = -PI/2.0 + 2.0*PI/5.0*i;
    float delta = 2.0*PI/10.0;
    float x0 = 10 * cos(angle - delta);
    float y0 = 10 * sin(angle - delta);
    float x1 = 30 * cos(angle);
    float y1 = 30 * sin(angle);
    float x2 = 10 * cos(angle + delta);
    float y2 = 10 * sin(angle + delta);
    line(x0, y0, x1, y1);
    line(x1, y1, x2, y2);
  }
}
```

코드를 잘 살펴보면 별 모양을 그리기 위한 for 문이 똑같은 것이 두 번 반복되어 있다. 이를 drawStar() 함수를 사용하여 하나로 줄일 수 있다. 참고로 noLoop() 명령어는 draw()가 반복되어서 불리지 않고 한번만 실행시키는 효과를 가진다.

```
void draw() {
  translate(30,50);
  drawStar();
  translate(40,20);
  drawStar( );
}
void drawStar( ) {
  for(int i=0; i<5; i++) {
    float angle = -PI/2.0 + 2.0*PI/5.0*i;
    float delta = 2.0*PI/10.0;
    float x0 = 10 * cos(angle - delta);
    float y0 = 10 * sin(angle - delta);
    float x1 = 30 * cos(angle);
    float y1 = 30 * sin(angle);
    float x2 = 10 * cos(angle + delta);
    float y2 = 10 * sin(angle + delta);
    line(x0, y0, x1, y1);
    line(x1, y1, x2, y2);
  }
}
```

다음 단계로 translate() 대신에 drawStar() 내부에 위치를 지정하는 로직을 만들고 이를 함수의 매개 변수화하도록 한다. translate()와는 다르게 위치 매개 변수는 그 효과가 누적되지 않도록 하자.

```
void draw() {
  drawStar(30, 50);
  drawStar(70, 70);
```

```
  }

  void drawStar(int movx, int movy) {
    for(int i=0; i<5; i++) {
      float angle = -PI/2.0 + 2.0*PI/5.0*i;
      float delta = 2.0*PI/10.0;
      float x0 = 10 * cos(angle - delta);
      float y0 = 10 * sin(angle - delta);
      float x1 = 30 * cos(angle);
      float y1 = 30 * sin(angle);
      float x2 = 10 * cos(angle + delta);
      float y2 = 10 * sin(angle + delta);
      line(x0+movx, y0+movy, x1+movx, y1+movy);
      line(x1+movx, y1+movy, x2+movx, y2+movy);
    }
  }
```

마지막으로 별 모양의 바깥 사이즈와 안쪽 사이즈를 매개 변수화하고 random() 함수를 사용하여 무작위로 서로 다른 크기의 별을 생성해보자.

```
  void draw() {
    for(int i=0; i<10; i++) {
      int inSize = (int)random(5, 15);
      int outSize = inSize + (int)random(1, 10);
      drawStar((int)random(width),(int)
      random(height),outSize,inSize);
    }
  }

  void drawStar(int movx, int movy, int out, int in) {
    for(int i=0; i<5; i++) {
      float angle = -PI/2.0 + 2.0*PI/5.0*i;
      float delta = 2.0*PI/10.0;
```

```
        float x0 = in * cos(angle - delta);
        float y0 = in * sin(angle - delta);
        float x1 = out * cos(angle);
        float y1 = out * sin(angle);
        float x2 = in * cos(angle + delta);
        float y2 = in * sin(angle + delta);
        line(x0+movx, y0+movy, x1+movx, y1+movy);
        line(x1+movx, y1+movy, x2+movx, y2+movy);
    }
  }
```

## 함수 오버로딩(overloading)

프로세싱은 함수의 이름이 같으나 매개 변수만 다른 것을 허용하는데 이를 함수의 오버로
딩이라고 한다. 함수가 여러 다른 파라미터에 대해서 개념적으로 같은 기능을 할 경우 사
용하게 된다. 이미 우리가 본 함수 중에서 예를 찾을 수 있는데, 바로 컬러를 지정하는 함
수들인 fill(), background(), stroke() 등의 경우 색을 지정하기 위해서 파라미터의 수가 1
개에서 4개까지 가능한 것이 오버로딩의 예라고 할 수 있다. 함수를 사용하는 측의 관점에
서 최대한 혼란을 주지 않으면서 사용의 편의를 높일 수 있을 때 함수 오버로딩을 사용할
수 있다. 참고로 같은 파라미터에 리턴 타입만 다르게 하는 경우는 함수 중복 에러가 발생
한다.

# 1.11 배열

배열(array)은 같은 타입의 데이터 집합이라고 할 수 있다. 정수형, 부동소수점형, 문자열, 그리고 임의의 클래스형까지 어떤 데이터 타입도 가능하나 하나의 이름으로 정의된 배열에는 1개의 데이터 타입만 저장이 가능하다. 배열의 크기는 배열이 생성될 때 결정되며 각 데이터는 특정 번째의 데이터를 가리키는 인덱스를 통해 접근할 수 있다. 배열을 생성하는 문법을 알아보자.

```
int[] intArray;           // 배열 선언. 변수 이름과 함께 배열임을 나타내는 중괄호 [] 표시
intArray = new int[5];    // 정수형 5개를 위한 공간을 메모리에 할당한다
intArray[0] = 0;          // 데이터 입력
intArray[1] = 1;
intArray[2] = 2;
intArray[3] = 3;
intArray[4] = 4;
println("intArray data of index 0 is " + intArray[0]); // 인덱스 통한 데이터값 참조
println("intArray data of index 1 is " + intArray[1]);
println("intArray data of index 2 is " + intArray[2]);
println("intArray data of index 3 is " + intArray[3]);
println("intArray data of index 4 is " + intArray[4]);
```

유의할 것은 첫째, 위의 경우에서 보듯이 배열의 크기를 n이라고 하면 인덱스는 항상 0부터 시작해서 n−1에서 끝난다는 사실이다. 인덱스가 배열의 크기 이상이라면, 즉 위의 경우 intArray[5]의 값을 알아보려 할 경우 배열의 범위 밖을 넘어섰다는 에러(array index out of bounds exception)가 생성된다. 둘째는 배열에 데이터를 집어넣을 때 항상 메모리에 공간을 요청한 후에 해야 한다는 것, 그리고 배열의 데이터 값을 인덱스로 참조할 때 데이터 값을 집어넣은 후여야 한다는 것이다. 다시 말해 공간을 메모리에 할당받은 후에 그 공간의 데이터 값은 정의되어 있지 않으므로 항상 공간을 할당받은 후 초기값을 넣어주도

록 한다. 위 코드는 다음과 같이 단순화될 수 있다.

```
int[] intArray = new int[5]; // 배열의 선언과 메모리 할당을 동시에 할 수 있다
for(int i=0; i<5; i++) {    // for 문으로 초기값을 부여한다
  intArray[i] = i;
}
for(int i=0; i<5; i++) {    // for 문으로 배열 데이터값을 참조한다
  println("intArray data of index " + i + " is " + intArray[i]);
}
```

인덱스는 중괄호로 둘러싸인 형태 [i]로 배열에 값을 부여할 때나 아니면 참조할 때 사용된다. 인덱스는 0부터(배열의 크기-1)까지 순차적으로 나열될 수 있으므로 배열은 for 문을 사용해서 데이터 값을 입력하거나 접근하기가 용이하다. 유의할 것은 for 문의 조건에서 i < 5처럼 항상 배열의 크기보다 '작다'라고 해야 하며 i <= 5와 같이 '작거나 같다'라고하면 인덱스가 배열의 크기 5와 같아지는 경우가 생기므로 에러가 나게 된다(여기서 5 대신에 intArray.length로 대체해도 가능하다). 위의 배열의 생성과 초기화는 다음과 같이 표현도 가능하다.

```
int[] intArray = { 0, 1, 2, 3, 4 };
for(int i=0; i<intArray.length; i++)    // 5 대신에 length 사용
  println("intArray data of index " + i + " is " + intArray[i]);
```

즉 위의 경우는 데이터를 대괄호 {}에 나열했으므로 프로세싱이 내부적으로 데이터의 수를 계산해서 공간을 할당하므로 명시적으로 메모리 할당 요청을 할 필요가 없다.

## 배열과 함수

다음은 2개의 배열을 매개 변수를 받아서 더한 것을 세 번째 매개 변수로 전달하는 함수이다.

```
void setup() {

  int[] a = {  1,  3, 2, 4,  6};                    // 1 plus -1 is 0
  int[] b = { -1, -5, 3, 0, -7};                    // 3 plus -5 is -2
  int[] c = new int[a.length];                      // 2 plus 3 is 5
                                                     // 4 plus 0 is 4
                                                     // 6 plus -7 is -1
  addTwoArray(a, b, c);
  for(int i=0; i<c.length; i++)
    println("" + a[i] + " plus " + b[i] + " is " + c[i]);
}
void addTwoArray(int[] first, int[] second, int[] result) {
  for(int i=0; i<first.length; i++) {
    result[i] = first[i] + second[i];
  }
}
```

프로그램을 잘 살펴보면 setup()에서 a와 b를 먼저 정의하고 c는 메모리 할당만 해두었다. addTwoArray() 함수를 호출할 때 각각 a, b, c를 전달인자(argument)로 하여 보내주었고 함수 내에서는 각각을 first, second, result로 받아서 result에 first와 second의 합을 저장하였다. 출력된 결과는 함수 계산의 결과로 c에 더한 값이 저장되어 있음을 보여준다. 여기서 주목할 것은 함수를 부르는 쪽에서 배열들의 메모리를 모두 할당한다는 것과 addTwoArray() 함수 내부에서 이루어지는 계산은 부르는 쪽의 배열의 원본에 수행하는 것과 같은 효과를 가진다는 점이다. 이는 addTwoArray() 함수가 수행될 때 first, second, result는 a, b, c와 같은 메모리 공간을 참조하고 있기 때문이다. 이를 다음 프로그램과 비교해보자.

```
void setup() {
int a = 1;
  int b = -2;
  int c = 0;
  addTwoInt(a, b, c);
```

```
    println("" + a + " plus " + b + " is " + c);        // 1 plus -2 is 0
  }
  void addTwoInt(int first, int second, int result) {
    result = first + second;
  }
```

결과를 살펴보면 c값은 변하지 않았는데 이는 addTwoInt() 함수를 부를 때 first, second, result 변수가 각각 a, b, c가 지닌 값을 복사해서 받기 때문이다. 즉 first, second, result는 a, b, c와 메모리에서 서로 다른 공간을 지니고 같은 값만 지니기 때문에 result는 1과 −2를 더한 값, 즉 −1을 가지더라도 c는 이와 별도로 여전히 0값을 갖고 있다. 즉 결론 적으로 배열을 함수의 매개 변수로 사용할 경우 정수형 데이터를 보낼 때와는 달리 보내지는 배열 변수 원본이 변할 수 있음을 알아두자. 또 다른 배열 계산법을 알아보자.

```
void setup() {                                    // 1 plus -1 is 0
  int[] a = {  1,  3, 2, 4,  6};                   // 3 plus -5 is -2
  int[] b = { -1, -5, 3, 0, -7};                   // 2 plus 3 is 5
  int[] c;                                         // 4 plus 0 is 4
                                                   // 6 plus -7 is -1
  c = addTwoArray2(a, b);
  for(int i=0; i<c.length; i++)
  println("" + a[i] + " plus " + b[i] + " is " + c[i]);

}
int[] addTwoArray2(int[] first, int[] second) {
  int[] result = new int[first.length];
  for(int i=0; i<first.length; i++) {
    result[i] = first[i] + second[i];
  }
  return result;
}
```

addTwoArray2()가 addTwoArray()와 다른 것은 함수 시그니처인데 addTwoArray()은 실질적으로 세 번째 매개변수가 결과값을 돌려받는 역할을 하였다면 addTwoArray2()에서는 결과를 함수의 리턴 값으로 받는다. 결과값을 가지는 배열은 addTwoArray2() 내에서 그 메모리 공간과 데이터 값을 할당받고 리턴되어 c에 저장된다. 더 정확하게 말하면 배열의 변수 이름은 그 배열 공간을 가리키는 주소와 같다. 따라서 하나의 배열 변수를 다른 변수에 할당할 때 그 주소를 전달하는 것과 같아서 두 변수는 모두 하나의 배열 공간을 가리키게 되며 그 어느 쪽에서 배열 값을 변화시키더라도 원본 값이 변하는 효과를 가진다.

## 모자이크 로고

배열을 활용하여 다음 그림과 같은 효과를 만들어보도록 하자. 작은 로고들의 집합으로 큰 로고를 만드는 것으로 수작업을 통해 배치하는 것이 아닌 작은 로고들 간, 그리고 큰 로고와의 상호작용을 통해 배치되도록 해보자. 작은 로고들은 서로 부딪힐 경우 혹은 벽에 부딪힐 경우 충돌해서 튕겨져 나온다. 그러나 배경 이미지에 암시되어 있는 큰 로고 영역에 들어갈 경우 급격히 속도가 줄어들어 머물게 된다. 시간이 지날수록 아래 그림과 같이 큰 로고 영역에 작은 로고들이 채워지게 된다.

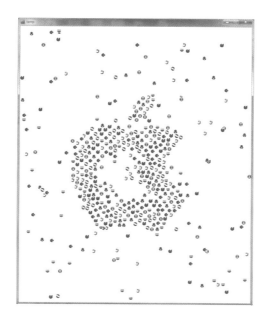

가장 처음 스텝으로 많은 사각형 간의 충돌을 물리적으로 구현해본다. 사각형이 충돌하는 모양은 다음과 같은 세 가지로 구분할 수 있다. x방향으로만 충돌하는 경우, y방향으로만 충돌하는 경우, x와 y방향 동시에 충돌하는 경우가 있다. 각각에 따라 그 충돌하는 반대방향으로 사각형을 밀어내도록 한다. 충돌하는지 판단하기 위해서 두 사각형의 x축 및 y축 범위에서 중첩이 일어나는지를 알아본다.

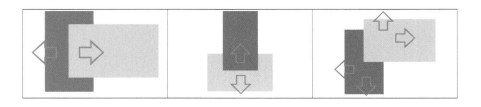

```
float[] posX, posY;          // position of rectangles
float[] directX, directY;    // speed of rectangles
float[] widths, heights;     // size of rectangles
color[] colors;              // color of rectangles
int numRects = 450;
float maxDir = 5.0;          // maximum speed
void setup(){
    size(812, 996);
    colorMode(HSB);

    // allocate memory for all rectangle variables
    posX = new float[numRects];
    posY = new float[numRects];
    directX = new float[numRects];
    directY = new float[numRects];
    widths = new float[numRects];
    heights = new float[numRects];
    colors = new color[numRects];

    // assign initial values for arrays
    for(int i=0; i< numRects; i++) {
```

```
      directX[i] = random(-maxDir,maxDir);
      directY[i] = random(-maxDir,maxDir);
      heights[i] = random(5, 25);
      widths[i]  = random(5, 25);
      posX[i] = random(width-widths[i]);
      posY[i] = random(height-heights[i]);
      colors[i] = color(random(255), 255, 255);
    }
    noStroke();
}


void draw() {
    background(250);

    // draw rectangles
    for(int i=0; i< numRects; i++) {
      fill(colors[i]);
      rect(posX[i], posY[i], widths[i], heights[i]);
    }

    // update posX & posY
    for(int i=0; i< numRects; i++) {
      posX[i] += directX[i];
      posY[i] += directY[i];
    }

    // update directX && directY(bounce off from the walls)
    for(int i=0; i< numRects; i++) {
      if(posX[i] < 0)  directX[i] = abs(directX[i]);
      else if((posX[i]+widths[i]) > width) directX[i] = -abs(directX[i]);
      if(posY[i] < 0) directY[i] = abs(directY[i]);
      else if((posY[i]+heights[i]) > height) directY[i] = -abs(directY[i]);
    }
```

```
// handle collision
for(int i=0; i< numRects; i++) {
  for(int j=i+1; j< numRects; j++) {
    float endX   = min(posX[i] + widths[i], posX[j] + widths[j]);
    float beginX = max(posX[i], posX[j]);
    boolean overlapX = endX > beginX;
    float endY   = min(posY[i] + heights[i], posY[j] + heights[j]);
    float beginY = max(posY[i], posY[j]);
    boolean overlapY = endY > beginY;

    boolean collide = overlapX && overlapY;
    float move = 0.3;
    if(collide) {
      if(beginX == posX[i]) { directX[i] += move; directX[j] -= move;
      } else {                directX[i] -= move; directX[j] += move;  }

      if(beginY == posY[i]) { directY[i] += move; directY[j] -= move;
      } else {                directY[i] -= move; directY[j] += move;  }
    }
  }
}// end of collision

// cap X & Y
  for(int i=0; i< numRects; i++) {
    while(abs(directX[i]) > maxDir || abs(directY[i]) > maxDir) {
      directX[i] *= 0.9999;
      directY[i] *= 0.9999;
    }
  }
} // end of draw
```

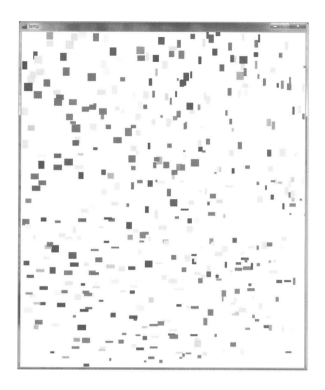

다음으로는 사각형 대신 작은 로고로 대체하자. 이미지의 이름을 0.png, 1.png … 6.png 라고 명명하고 이를 data 디렉토리에 복사한다. 코드는 다음과 같이 변경해보자.

```
……
PImage[] img;
void setup() {
  // 다음을 추가한다
  img = new PImage[7];
  for(int i=0; i<7; i++)
    img[i] = loadImage( str(i) + ".png");
}
……
for(int i=0; i< numRects; i++) {
// 다음 두 라인은 다음과 같이 변경한다
    heights[i] = 15;  //random(5, 25);
```

```
        widths[i] = 15;  //random(5, 25);
......
}
......
}
void draw() {
    background(250);
    // draw rectangles
    for(int i=0; i< numRects; i++) {
        // 다음과 같이 변경한다
        //fill(colors[i]);
        //rect(posX[i], posY[i], widths[i], heights[i]);
        image(img[i % img.length], posX[i], posY[i], widths[i], heights[i]);
    }
..........
}
```

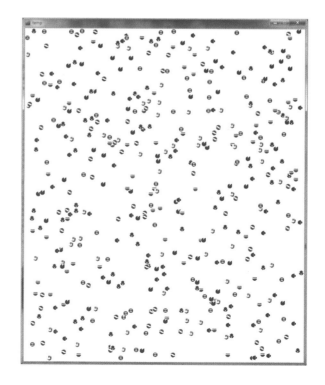

이후 마지막으로 큰 로고 이미지를 준비하는데 로고 부분은 검은색, 그렇지 않은 배경 부분은 흰색의 이미지를 준비한다. 그리고 작은 로고의 위치가 큰 로고의 검은색 부분에 올라올 때마다 그 속도를 반으로 줄여본다. 참고할 것은 큰 로고는 화면에 그려지지 않고 작은 로고의 속도를 줄이는 것을 판별하는 데에 참조되기만 한다.

```
......
PImage background;
void setup(){
  // 다음을 추가한다
  background = loadImage("apple.png");
  //size(812, 996);
  size(background.width, background.height);
...
}
void draw() {
  // 다음을 추가한다
  for(int i=0; i<numRects; i++) {
    if(brightness(background.get((int)posX[i],(int)posY[i])) < 100){
      directX[i]/= 2.0;
      directY[i]/= 2.0;
    }
  }
.........
}
```

## 1.12 타이포그래피 및 사운드

### 타이포그래피

프로세싱에서 글꼴을 사용하기 위해서는 특정 글꼴을 지정하여 생성하는 과정을 거쳐야 한다. 그러기 위해서는 먼저 메뉴에서 도구를 선택하고 글꼴 생성을 선택한다(아래 왼쪽 그림). 그러면 글꼴의 종류가 있는 새 창이 생성되는데(아래 오른쪽 그림), 이 중에서 생성하고자 하는 글꼴을 선택하고 기본 사이즈를 선택한다. 그러면 그에 해당하는 파일 이름이 표시되는데 이는 프로그램에 사용해야 하므로 기억해 두어야 한다.

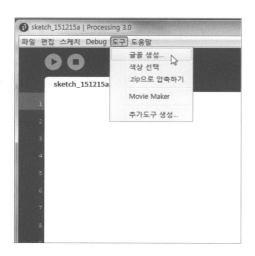

```
PFont font1, font2;
void setup() {
    font1 = loadFont("Arial-BoldMT-48.vlw");
    font2 = loadFont("ArialMT-48.vlw");
    size(500, 300);
}
void draw() {
    background(150);
    fill(0);            // font color
```

```
        textFont(font1);     // current font
        text("Hello", 6, 45); // place text

        fill(0, 150);
        textSize(30);
        text("Interaction design teaches processing", 200, 80, 200, 200);
        noFill();
        stroke(255);
        rect(200, 80, 200, 200);

        fill(255);
        textFont(font2);
        textSize(100);
        text("Hi", 20, 180);
    }
```

    코드를 살펴보면 PFont 타입 변수 2개를 전역 변수로 선언하였다. setup() 함수에서 이 변수를 loadFont()를 사용해서 이미 생성된 각 폰트 파일(vlw)과 연결한다. draw()를 보면 텍스트를 실제로 그리기 전에 여러 옵션을 정의할 수 있는데 textSize()는 텍스트의 크기를, textFont()는 사용하고자 하는 폰트를, stroke()는 텍스트의 색깔을 지정한다. 참고할 것은 폰트 파일의 크기(ArialMT-48.vlw에서 48픽셀)가 만일 textSize()에서 지정한 픽셀 크기보다 작으면 폰트의 해상도가 텍스트의 해상도보다 작으므로 aliasing이 나타난다. 실제 텍스트를 지정하는 것은 text()를 사용하는데 매개 변수가 3개인 경우는 텍스트 메시지와 텍스트의 좌측 아래 지점의 x 및 y 좌표이고, 5개인 경우는 텍스트 메시지와 텍스트가 위치할 영역을 나타내는 직사각형(직사각형의 좌측 위 xy 좌표 및 너비와 높이)이 된다.

```
PFont font;
int posX, posY;
int directX;

void setup() {
  size(400, 200);
  font = loadFont("ArialMT-48.vlw");
  textFont(font);
  posX = width/2;
  posY = height/2;
  directX = 1;
}

void draw() {
  background(155);
  posX += directX;
  if(posX < 0 || posX > width)
    directX = -directX;

  text("Hello", posX, posY);
}
```

위 코드는 텍스트의 위치를 나타내는 변수를 이용하여 좌우로 움직이는 텍스트를 구현하였다. 텍스트 사이즈는 따로 지정하지 않을 경우 폰트 크기(48픽셀)가 된다.

## 사운드

사운드를 다루는 기능들은 프로세싱에 기본적으로 제공되는 핵심 기능에 포함되어 있지 않으므로 따로 사운드 라이브러리를 다운로드해야 한다. 한 프로그램의 라이브러리는 특정 기능을 제공하는 함수와 클래스의 집합이라고 할 수 있는데, 이를 프로그램에 사용하기 위해서 추가하는 행위를 '임포트(import)한다'고 말한다. 사운드를 담당하는 프로세싱 라이브러리는 미님(minim)이라는 이름을 가지고 있는데 이를 프로그램에 추가하는 방법을 알아보자.

메뉴바에서 스케치를 선택한 후 내부 라이브러리를 클릭하면 현재 설치된 라이브러리 리스트가 나온다. 이곳에 minim이 없는 것을 확인하고 '라이브러리 추가하기'를 누른다. 그러면 라이브러리 매니저 창이 뜨게 되는데 라이브러리 리스트 중에서 minim을 찾아서 설치를 눌러주면 된다. 만일 이 리스트에 minim이 없을 경우 minim 웹사이트(http://code.compartmental.net/tools/minim/)에서 최신 버전을 다운받아 프로세싱 라이브러리 위치(환경 설정의 스케치 폴더 위치/libraries)에 압축을 풀어서 minim 디렉토리를 위치시킨다.

이후 다시 스케치 내부 라이브러리를 확인하면 외부 라이브러리 리스트에 minim이 있는 것을 확인할 수 있고 이를 클릭하면 다음과 같은 코드가 생성된다.

import는 특정 패키지(클래스의 집합)를 프로그램에서 사용하겠다고 선언하는 역할을 한다. '*'는 그 패키지에 속하는 모든 클래스를 의미한다. 즉 ddf.minim.effects.*의 경우 ddf.minim.effects 패키지에 속하는 모든 클래스를, ddf.minim.*는 ddf.minim 패키지에 속하는 모든 클래스를 사용 범위 내에 넣겠다는 이야기이다. 프로그래머는 자기가 어떤 클래스가 필요한지 확인한 후, 이 클래스가 들어 있는 패키지를 프로그램 가장 위에 import 하여야 한다. 어떤 클래스가 어떤 패키지에 속해 있는지는 미님 API 다큐멘트(http://code.compartmental.net/minim/javadoc/)를 찾아보면 되고 이들의 사용법은 예제를 통해 살펴보는 편이 빠르다. 예제를 확인하기 위해서는 메뉴바 예제를 선택하고 새로 뜨는 디렉토리 창에서 minim 아래에 있는 프로그램들을 열어보면 된다. 하나하나 이를 실행시켜 보면서 다양한 미님의 기능과 사용법을 확인해 보자. 다음은 키보드를 피아노 건반처럼 소리낼 수 있게 하는 코드이다(컬럼비아 대학교 교수 Dan Ellis의 코드의 일부로 허가를 받은 후 사용하였다. 링크: http://www.ee.columbia.edu/~dpwe/resources/Processing/SinePiano.pde).

```
import ddf.minim.analysis.*;
import ddf.minim.*;
import ddf.minim.signals.*;
```

```
Minim minim;
AudioOutput out;

void setup()
{
  minim = new Minim(this);
  // get a line out from Minim, default bufferSize is 1024, default sample rate is 44100,
bit depth is 16
  out = minim.getLineOut(Minim.STEREO);
}

void draw()
{ }

void keyPressed() {
  // Map the key to a pitch(in Hz), and instantiate the Note object
  float pitch = 0;
  switch(key) {
    case 'z': pitch = 262; break;
    case 's': pitch = 277; break;
    case 'x': pitch = 294; break;
    case 'd': pitch = 311; break;
    case 'c': pitch = 330; break;
    case 'v': pitch = 349; break;
    case 'g': pitch = 370; break;
    case 'b': pitch = 392; break;
    case 'h': pitch = 415; break;
    case 'n': pitch = 440; break;
    case 'j': pitch = 466; break;
    case 'm': pitch = 494; break;
    case ',': pitch = 523; break;
    case 'l': pitch = 554; break;
    case '.': pitch = 587; break;
    case ';': pitch = 622; break;
    case '/': pitch = 659; break;
```

```
    }

    if(pitch > 0) {
        MyNote newNote = new MyNote(pitch, 0.2);
    }
}

void stop()
{
    out.close();
    minim.stop();
    super.stop();
}

class MyNote implements AudioSignal
{
        private float freq;
        private float level;
        private float alph;
        private SineWave sine;

        MyNote(float pitch, float amplitude)
        {
            freq = pitch;
            level = amplitude;
            sine = new SineWave(freq, level, out.sampleRate());
            alph = 0.9;  // Decay constant for the envelope
            out.addSignal(this);
        }

        void updateLevel()
        {
            // Called once per buffer to decay the amplitude away
            level = level * alph;
            sine.setAmp(level);
```

```
        // This also handles stopping this oscillator when its level is very low.
        if(level < 0.01) {
            out.removeSignal(this);
        }
        // this will lead to destruction of the object, since the only active
        // reference to it is from the LineOut
    }

    void generate(float [] samp)
    {
        // generate the next buffer's worth of sinusoid
        sine.generate(samp);
        // decay the amplitude a little bit more
        updateLevel();
    }

    // AudioSignal requires both mono and stereo generate functions
    void generate(float [] sampL, float [] sampR)
    {
        sine.generate(sampL, sampR);
        updateLevel();
    }
}
```

가장 위에서부터 읽어보면 미님 패키지 3개가 임포트되었고 미님과 오디오 아웃풋 클래스 변수가 전역 변수로 선언되었다. setup() 함수에서는 미님 오브젝트와 오디오 아웃풋 오브젝트가 생성되었다. keyPressed() 콜백 함수는 키보드 키가 눌릴 때 불리는 함수인데, 키의 종류에 따라 생성되는 음의 피치(높낮이)를 지정해 준다(switch-case 문은 본서에서는 다루지 않았으나 switch에 지정된 변수의 값에 따라 특정 case로 이동하는 역할을 한다). 이 피치를 사용하여서 MyNote 오브젝트를 생성하면 음의 생성이 일어난다(이미지 참조). MyNote는 프로그램 가장 아래 부분에 정의된 클래스로 그 세부 구현 내용은 무시하

되 음을 생성하기 위해서 MyNote(pitch, amplitude)를 통해 오브젝트를 생성하면 된다는 정도만 알아두도록 하자.

**FIGURE 8** 음을 생성하는 키보드 영역

이제 개별 음을 생성하는 방법을 알았으므로 이를 타이포그래피와 연결시켜서 새로운 효과를 생성해보자. 다음은 타이포그래피가 쓰인 원이 바닥에 던져진 공처럼 움직이면서 벽과 부딪힐 때 소리를 내는 프로그램이다.

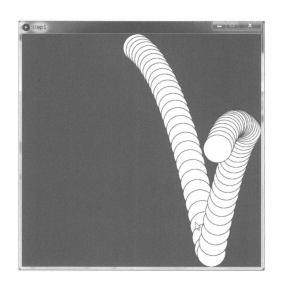

```
float posX, posY;
float dirX, dirY;
float gravity = 0.9;
float radius;
float friction;

void setup() {
  size(500, 500);

  // initial values for position and direction
  posX = random(width);
  posY = random(height/4);
  dirX = random(-10, 10);
  dirY = random(-3, 3);

  // choose radius randomly
  float rand = random(3);
  if(rand < 1 ) {         radius = 10;
  } else if(rand <2) {  radius = 20;
  } else {                radius = 30;  }

  // friction
  friction = map(radius, 5, 30, 0.9999, 0.99);
}

void draw() {
  background(500);

  // apply friction
  dirX *= friction;
  dirY *= friction;

  // update position
  posX += dirX;
  dirY += gravity;
```

```
    posY += dirY;

    // bounce from the bottom
    if( posY > height-radius) {
      dirY = -dirY;
      posY = constrain(posY, -height*height, height-radius);
    }

    // bounce left and right
    if( posX < radius || posX > width-radius ) {
      dirX = -dirX;
      posX = constrain(posX, radius, width-radius);
    }

    // draw
    ellipse(posX, posY, 2*radius, 2*radius);
  }
```

　먼저 전역 변수가 선언된 부분을 살펴보면 이전에 없던 gravity가 추가되었다. 이는 실행 윈도우의 아래 방향으로 원을 당기는 중력을 나타낸다. setup()을 살펴보면 변수들에 대한 무작위적인 초기값이 주어지며 특기할 것은 friction이 반지름이 커질수록 커지는데 map() 함수는 하나의 범위를 다른 범위로 선형으로 매핑하는 효과를 가진다. draw() 함수에서 눈여겨볼 것은 x방향의 경우 frame마다 posX가 dirX만큼 커지는데 dirX는 변하지 않는 상수인 반면, y방향의 경우 posY가 frame마다 dirY만큼 커지고 dirY도 또한 gravity만큼 변한다. 이는 y방향에 중력 방향의 힘을 가하는 효과를 준다. 또한 벽에 부딪혔을 때 dirX와 dirY의 방향만 변하는 것이 아니라 posX와 posY에 constrain()을 사용하였는데 이는 posX와 posY값이 매개 변수로 주어진 최소값과 최대값을 벗어나지 않는 효과를 가진다. 즉 어느 한 프레임이라도 posX와 posY가 정하여진 범위를 벗어나지 않도록 한다. 다음 단계는 벽에 부딪힐 때 소리를 내는 단계이다.

```
import ddf.minim.analysis.*;
import ddf.minim.*;
import ddf.minim.signals.*;

Minim minim;
AudioOutput out;

... 이하 동일 ...

void setup() {
  minim = new Minim(this);
  out = minim.getLineOut(Minim.STEREO);
... 이하 동일 ...
}

void draw() {
  // decide pitch
  float pitch;
  if(radius == 10)        pitch = 392;
  else if(radius == 20)   pitch = 330;
  else                    pitch = 262;

.... 이하 동일 .....

// bounce from the bottom
  if( posY > height-radius) {
  .... 이하 동일 .....
    MyNote newNote = new MyNote(pitch, 0.5);
  }

  // bounce left and right
  if( posX < radius || posX > width-radius ) {
  .... 이하 동일 .....
    MyNote newNote = new MyNote(pitch, 0.5);
  }
```

```
    ellipse(posX, posY, 2*radius, 2*radius);
}

void stop() {
  out.close();
  minim.stop();
  super.stop();
}

class MyNote implements AudioSignal
{
.... 이전 피아노 코드의 MyNote class 정의와 동일 ....
}
```

위 코드를 살펴보면 피아노 키보드를 구현할 때 사용했던 미님과 MyNote 클래스를 그대로 적용한 것임을 알 수 있다. 전역 변수와 setup()은 이전과 동일하며 stop()과 MyNote 클래스 정의도 동일하다. 달라진 것은 원의 반지름의 크기에 따라 음의 높이를 다르게 한 것과 원이 벽에 부딪힐 때 MyNote 객체를 생성함으로써 소리가 나게 한 것이다. 마지막으로 원 안에 타이포그래피를 적용하자.

```
.... 이하 동일 .....
PFont font;
.... 이하 동일 .....

void setup() {
  .... 이하 동일 .....
  noFill();
  font = loadFont("Batang-48.vlw");
}

void draw() {
  float prevY = posY;

  ... 이하 동일 ....

  // bounce from the bottom
  if( posY > height-radius) {
    dirY = -dirY;
    posY = constrain(posY, -height*height, height-radius);
      if(abs(posY - prevY) > 0.1) {
        MyNote newNote = new MyNote(pitch, 0.5);
      }
  }

    .... 이하 동일 .....

  if(radius == 10) {
    textSize(10);
    text("do", posX-5, posY);
  } else if(radius == 20) {
    textSize(20);
    text("sol", posX-15, posY+5);
  } else {
    textSize(30);
```

```
        text("do", posX-20, posY+10);
      }
   }


   .... 이하 동일 .....
```

이전과 달라진 것은 PFont를 정의한 것과 원을 그린 후에 텍스트도 같은 위치에 크기에 따라 그려준다는 것이다. 또한 소리를 낼 때 아주 작은 움직임에는 소리를 내지 않도록 이전 y 위치를 prevY 변수에 기억해서 현재의 y 위치와 차이가 어느 정도 이상일 경우에만 MyNote 오브젝트를 생성한다. 이 프로그램의 확장으로 다수의 원을 움직이는 것을 한번 생각해보도록 하자. 원 및 그와 연관된 요소들을 모두 배열로 정의하고 draw()의 코드를 반복문 안에 집어넣으면 된다. 이 코드는 독자의 몫으로 남긴다.

# CHAPTER 2

# 프로세싱 응용PROCESSING APPLICATION

# PROCESSING APPLICATION

## 2.1 오브젝트 기반 프로그래밍

오브젝트 기반 프로그래밍(Object Oriented Programming)이 무엇인가를 알아보기 위하여 그 아이디어의 기반이 되는 클래스에 대해 살펴보기로 하자. 클래스는 앞서 간략히 살펴본 대로 간단히 말해 사용자가 지정한 임의의 데이터형이라고 할 수 있다. 프로그래머가 모듈화하고자 하는 그 어떤 개념도 클래스화가 가능한데, 클래스는 내부에 자기 고유의 데이터를 나타내는 변수 및 데이터를 조작하는 함수를 사용하여 이를 구현한다. 클래스 내부의 데이터를 필드(field), 함수를 메소드(method)라고 부르기도 한다. 클래스의 데이터는 주로 외부(클래스의 사용자)에게 직접 공개되지 않으며 대부분 이 데이터를 조작하는 함수를 통해 그 값을 참조하거나 바꿀 수 있다. 클래스의 예시를 개념적으로 한 번 살펴보자.

| 클래스명 | 비행기 | 축구선수 | 개 |
|---|---|---|---|
| 필드 | 랜딩기어<br>날개<br>비행모드 | 백넘버<br>주력<br>수비력 | 종<br>나이<br>성격 |
| 메소드 | 이(착)륙하다<br>자동비행모드로 바꾸다 | 드리블하다<br>태클하다 | 자라다<br>짖다 |

위의 예에서 알 수 있듯이 다양한 개념에 대해서 클래스화가 가능하다. 그러나 필드와 메소드의 수가 적어 그 기능적 혜택이 적은 경우 클래스 없이 변수만을 사용했을 때와 차이가 없고 반대로 매우 큰 개념에 대해 많은 기능을 제공할 경우는 그 범용성이 작아 활용도가 낮다. 따라서 클래스를 디자인할 때에는 빈번하게 사용될 만한 독립적인 개념을 세우고 연관된 데이터들을 묶은 후 이를 조작하는 적절한 메소드를 제공해야 한다. 클래스가 데이터형이라고 하면 객체(Object) 혹은 인스턴스(Instance)는 이 데이터형에 실제 데이터를 부여하여 만들어진 변수라고 생각할 수 있다. 아래 표에서 개 클래스가 인스턴스화(instanciate)해서 만들어진 것이 우리집 개 및 옆집 개인데 이들을 개 클래스의 인스턴스(Instance)라고 한다. 특기할 것은 메소드는 필드를 참조하여 그 효과를 정의할 수 있다는 것이다. 즉 "자라다"의 경우 종, 나이의 차이에 따라 무게를 증가시키고, "짖다"의 경우 종

과 성격, 나이 등에 따라 그 행태가 다르게 구현될 수 있다.

| 개(클래스) | 우리집 개(인스턴스) | 옆집 개(인스턴스) |
|---|---|---|
| 종<br>나이 | 진돗개<br>3세 | 치와와<br>5세 |
| 무게<br>성격 | 15kg<br>사나움 | 8kg<br>온순함 |
| 자라다<br>짖다 | 자라다<br>짖다 | 자라다<br>짖다 |

　클래스 개념이 프로그래밍에 도입되면서부터 그 패러다임이 변했다고 할 수 있다. 기존의 방식에서는 코드가 한 줄씩 적용되는 것이 문제에서부터 답으로 나아가는 순차적인 계산을 의미했다면 객체지향 프로그래밍에서는 코드란 객체의 메소드가 실행되면서 객체의 상태가 변하는 것을 의미한다. 따라서 주어진 문제를 재구성하여 클래스를 디자인하는 것이 객체지향 프로그래밍의 중요한 부분이며 잘 디자인된 클래스는 재사용될 수 있다는 면에서 큰 이득이 있다. 다음으로는 실행 윈도우 내에서 반사하며 직선 운동하는 원의 집합을 클래스를 사용하여 구현하는 법을 알아보자.

```
Circle circle; // Circle 클래스 인스턴스 선언

void setup() {
  size(500, 500);
  circle = new Circle(); // circle 변수 메모리 할당
    circle.pos_x = width/3;
    circle.pos_y = height/2;
    circle.dir_x = 5;
    circle.dir_y = 5;
    circle.cir_size = 10;
}

void draw() {
    background(255);
    circle.move();
    circle.display();
}
```

위 코드는 Circle 클래스가 정의가 되었다고 가정한 후 그 오브젝트를 정의하고 사용하는 법을 보여준다. 가장 위에 전역 변수로 Circle 타입 변수 circle이 선언되었다. 이후 setup() 내에서 new를 사용하여 메모리 내에 circle을 위한 공간을 마련해주고 "." 연산자를 통해 circle의 필드인 pos_x, pos_y, dir_x, dir_y, cir_size의 값을 정의해주었다. 이후에 draw()에서 하는 것은 circle을 움직이는 방법과 보여주는 그려주는 방법이 정의된 move()와 display() 메소드를 프레임마다 불러주는 일이다. 다음은 Circle 클래스의 정의이다.

```
class Circle {
  int pos_x, pos_y;
  int dir_x, dir_y;
  int cir_size;
```

```
    void move() {
        pos_x += dir_x; pos_y += dir_y;
        if(pos_x > width || pos_x < 0) dir_x = -dir_x;
        if(pos_y > height || pos_y < 0) dir_y = -dir_y;
    }

    void display() {
        ellipse(pos_x, pos_y, cir_size, cir_size);
    }
}
```

맨 처음에 class 키워드 후에 클래스 이름(항상 대문자로 시작)이 온다. 대괄호 사이에 클래스의 메소드와 필드가 추가되는데 관례상 필드를 먼저 추가했다. pos_x, pos_y, dir_x, dir_y, cir_size가 정수형을 가지며 이들은 인스턴스가 되기 전까지는 특정 값을 가질 수 없으므로 선언만 하도록 한다. 이후 move()와 display() 메소드가 정의되어 있는데, 이들은 클래스 메소드이므로 클래스 필드에 접근이 가능하다. 즉 pos_x, pos_y, dir_x, dir_y, cir_size가 특정 값을 가지고 있다고 가정하고 이를 활용하여 함수의 결과를 계산할 수 있다.

## 생성자

생성자(constructor)는 클래스 인스턴스가 생성될 때 불리는 클래스 요소로 함수의 모양을 갖추었으나 항상 클래스 이름과 동일한 이름을 가지고 리턴 타입이 없는 특징을 가진다. 위 코드에서는 생성자가 없으나 생성자가 없을 때에는 다음과 같은 기본 생성자(default constructor)가 컴파일러에 의해 자동으로 만들어지는 것으로 본다.

```
class Circle {
    int pos_x, pos_y;
    int dir_x, dir_y;
    int cir_size;

    Circle() {                    // 기본 생성자
```

```
        pos_x = pos_y = 0;
        dir_x = dir_y = 0;
        cir_size = 0;
    }
    ... 이하 동일 ...
}
```

위 기본 생성자는 setup() 내의 다음 코드가 실행될 때 실행되며 기본 생성자는 필드에 초기값인 0, 0.0 혹은 null을 부여한다. 이후 0이 아닌 다른 값을 부여하기 위해 "." 연산자 가 사용되었다.

```
circle = new Circle();          // 기본 생성자가 불리고 모든 필드가 0으로 초기화
circle.pos_x = width/3;         // 0 이 아닌 값을 부여함
circle.pos_y = height/2;
circle.dir_x = 5;
circle.dir_y = 5;
circle.cir_size = 10;
```

사용자가 정의하는 임의의 생성자는 위의 기본 생성자와는 달리 매개 변수를 가질 수 있으며 이를 이용하면 위의 코드를 훨씬 간단하게 할 수 있다.

```
class Circle {
    int pos_x, pos_y;
    int dir_x, dir_y;
    int cir_size;

    // 매개 변수가 있는 생성자
    Circle(int px, int py, int dx, int dy, int cs) {
        pos_x = px;
        pos_y = py;
        dir_x = dx;
```

```
        dir_y = dy;
        cir_size = cs;
    }
    ... 이하 동일 ...
}
```

즉 위의 생성자는 5개의 매개 변수를 받아 이를 필드의 초기값으로 사용하였다. 프로세싱은 사용자가 정의한 생성자가 있는 경우 기본 생성자를 자동으로 생성하지 않는다. 따라서 Circle 객체의 생성은 다음과 같이 변경되어야 한다.

```
void setup() {
    size(500, 500);
    circle = new Circle(width/3, height/2, 5, 5, 10); // 사용자 지정 생성자 사용
}
```

### 클래스 객체 배열(Array of Class Objects)
클래스도 다른 데이터형과 같이 배열에 사용될 수 있다. 유의해야 할 점은 배열을 위한 공간 new를 사용해서 만들고, 또 각 배열의 요소에 클래스 객체를 생성하기 위해서 new를 사용한다는 것이다.

```
Circle[] circles;

void setup() {
  size(500, 500);
  circles = new Circle[50]; // Circle 객체 배열 메모리 할당

  for(int i=0; i<circles.length; i++) {
    circles[i] = new Circle((int)random(0, width),
                            (int)random(0, height),
                            (int)random(-5, 5),
                            (int)random(-5,5),
                            (int)random(20,100));
  }
}

void draw() {
  background(255);
  for(int i=0; i<circles.length; i++) {
    circles[i].move();
    circles[i].display();
  }
}
```

50개의 객체를 배열에 담았고 초기화 및 애니메이션을 위해 반복문을 사용하였다. Circle 클래스 정의는 동일하다. 각각의 원이 서로 다른 색을 가지도록 하는 것은 연습으로 남겨둔다.

## 여러 개의 파일 다루기

코드의 양이 많아지면서 이를 한 파일에 모두 담아 다루기가 어려워지기 시작하는데, 이를 위해 코드의 일부를 다른 파일에 저장할 수 있다. 다른 파일에 저장되기에 적절한 것 중 하나가 바로 클래스 정의 부분이다. 이번 장에서 본 코드를 2개의 파일에 담아보도록 하자. 이미 존재하는 파일이 main.pde이고 이를 저장하는 폴더의 이름 역시 main이라 가정한다.

```
main | Processing 3.0
파일  편집  스케치  Debug  도구  도움말

   main
                  새 탭          Ctrl+Shift+N
2                 탭 이름 변경
3  void s          삭제          Ctrl+Shift+D
4    size
5    cir          이전 탭        Ctrl+Alt+Left      0];
6                 다음 탭        Ctrl+Alt+Right
7    for          main          s.length; i++) {
8      circles[i] = new Circle((int)random(0, width),
9                              (int)random(0, height),
10                             (int)random(-5, 5),
11                             (int)random(-5,5),
12                             (int)random(20,100));
13   }
14 }
15
```

위와 같이 파일을 나타내는 탭 오른쪽의 아래 방향 화살표를 누르면 메뉴가 나타나고, 여기서 '새 탭'을 선택, 이름을 부여하면 새로운 탭과 함께 새로운 파일이 생성된다. '삭제'를 선택하면 이미 존재하는 파일에 대한 삭제도 가능하다.

```
main | Processing 3.0
파일  편집  스케치  Debug  도구  도움말

   main    circle    ▼
1  class Circle {
2    int pos_x, pos_y;
3    int dir_x, dir_y;
4    int cir_size;
5
6    Circle(int px, int py, int dx, int dy, int cs) {
7      pos_x = px;
8      pos_y = py;
9      dir_x = dx;
10     dir_y = dy;
11     cir_size = cs;
12   }
```

여기서 유의할 점은 디렉토리의 이름과 같은 이름을 가진 파일 이름은 단 한 가지여야만 한다는 것이고 실행 시 모든 파일들이 같이 묶여지기 때문에 서로 중복되는 이름들(클래스나 전역 변수)이 없어야 한다는 것이다. 여러 개의 파일로 나누는 것은 많은 양의 코드를 관리하거나 여러 팀원들 간의 작업량을 배분하는 데에 유용한 역할을 한다.

## 2.2 OpenCV 라이브러리

사진이나 비디오를 분석하여 원하는 정보를 얻어내는 기술과 관련된 분야를 컴퓨터 비전이라고 한다. 대표적인 예로는 스마트폰 사진을 찍을 때 선택할 수 있는 다양한 촬영 옵션, 주차를 할 때 자동차 번호판을 읽는 기술, 블랙박스 영상의 움직임을 인식하는 기술 등이 있다. 이미 존재하는 컴퓨터 비전 관련 기술들을 프로세싱 라이브러리를 통해 사용할 수 있는데, 가장 대표적인 것으로는 OpenCV라는 라이브러리가 있다. OpenCV는 Intel에 의해 시작된 실시간 컴퓨터 비전 알고리즘을 구현한 오픈 소스 라이브러리로 윈도우, 리눅스, OS X 등 다양한 플랫폼을 지원한다. 원래 C++언어로 작성되었으나 현재 Java나 Python 버전도 제공한다. 프로세싱도 별도로 프로세싱을 위한 OpenCV 라이브러리를 제공하는데 그 사용법을 배우기에 앞서 프로세싱 비디오 라이브러리를 사용하여 비디오 캡처하는 코드를 실행해보도록 하자.

먼저 비디오 라이브러리를 추가해야 하는데 메뉴바에서 스케치 내부 라이브러리 추가를 누르면 다음과 같은 매니저 윈도우가 뜬다. 여기서 video를 검색하여 인스톨하도록 한다.

그리고 다음 코드를 실행하면 컴퓨터와 연결된 카메라가 활성화되면서 이미지가 실시간으로 실행 윈도우에 전송되는 것을 볼 수 있다. 콘솔 윈도우에는 컴퓨터와 연결된 카메라들의 속성이 나열되는데 각각의 이름, 화면 사이즈, 그리고 fps를 볼 수 있다. 실행 창에 보이는 이미지는 가장 첫 번째 속성을 가진 카메라를 이용한 것이다.

```
import processing.video.*;

Capture cam;

void setup() {
  size(640, 480);

  String[] cameras = Capture.list();

  if (cameras.length == 0) {
    println("There are no cameras available for capture.");
    exit();
  } else {
    println("Available cameras:");
    for (int i = 0; i < cameras.length; i++) {
      println(cameras[i]);
    }

    // The camera can be initialized directly using an
    // element from the array returned by list():
    cam = new Capture(this, cameras[0]);
    cam.start();
  }
}

void draw() {
  if (cam.available() == true) {
    cam.read();
```

```
    }
    image(cam, 0, 0);
}
```

카메라에서 오는 이미지는 데이터는 loadPixels()를 통해 pixels[] 배열로도 받을 수 있
다. 다음은 비디오 이미지 데이터를 실시간으로 픽셀레이션하는 코드이다.

```
........... 이전과 동일 ...........

void draw() {
  if (cam.available() == true) {
    cam.read();
  }
  image(cam, 0, 0);

  loadPixels();
  for(int i=0; i<640; i+=10) {
    for(int j=0; j<480; j+=10) {
      color c = pixels[i+j*640];
```

```
        fill(c);
        rect(i, j, 10,10);
      }
    }
  }
```

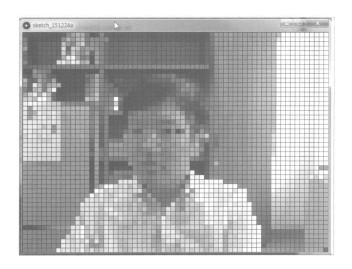

이제 OpenCV 라이브러리를 사용해보도록 하자. 프로세싱 3.0.1 기준으로 OpenCV 가 라이브러리 매니저에 있지 않으므로 웹에서 직접 다운로드를 받는데 2015년 12월 현재 Greg Borenstein이라는 프로그래머에 의해 제공되는 라이브러리를 사용할 수 있다 (https://github.com/atduskgreg/opencv-processing). 라이브러리 릴리즈 페이지에서 (https://github.com/atduskgreg/opencv-processing/releases) 자신의 OS에 맞는 버전 을 다운로드한 후 라이브러리들이 저장되어 있는 하드 디스크 디렉토리(윈도우의 경우 Documents/Processing/libraries)에 압축을 해제한다.

```
import processing.video.*;
import gab.opencv.*;
import java.awt.*;

Capture cam;                                              // 캡쳐 전역 변수
OpenCV opencv;                                            // OpenCV 전역 변수

void setup() {
    size(640, 480);
    noFill();
    strokeWeight(3);
    stroke(0,255,0);

    opencv = new OpenCV(this, 640, 480);                 // 메모리 할당
    opencv.loadCascade(OpenCV.CASCADE_FRONTALFACE);      // OpenCV 기능 부여

    cam = new Capture(this, 640, 480);                   // 메모리 할당
    cam.start();                                          // 시작
}

void draw() {
```

```
    opencv.loadImage(cam);                                  // 이미지 로딩
    image(cam, 0, 0);                                       // 프레임 그리기

    Rectangle[] faces = opencv.detect();
    for(int i=0; i<faces.length; i++) {                     // 얼굴 인식
      rect(faces[i].x, faces[i].y, faces[i].width, faces[i].height);
    }
  }

  void captureEvent(Capture c) {                            // 캡처 업데이트
    c.read();
  }
```

위는 비디오로부터 캡처한 이미지에서 사람의 얼굴을 추출하는 프로그램이다. loadCascade()을 통해 OpenCV가 얼굴 추출하는 기능으로 초기화되고 loadImage()로 카메라 이미지 프레임이 전송되면 detect()가 사람 얼굴 영역을 계산해 준다. Rectangle 클래스 타입으로 결과가 돌아오는데 이는 자바 언어의 타입으로 이를 위해 import.awt.*;가 필요하다. 참고로 카메라에 새로운 프레임이 도착하였는지를 체크하기 위해 captureEvent가 사용되었으며 이는 이전 프로그램의 cam.available()을 대신한다(https://processing.org/reference/libraries/video/captureEvent_.html).

```
import gab.opencv.*;
import processing.video.*;
import java.awt.*;                                    ArrayList

Capture video;                                        // 캡쳐 전역 변수
OpenCV opencv;                                        // OpenCV 전역 변수

void setup() {
    size(640, 480);
    video = new Capture(this, 640/2, 480/2);          // 메모리 할당
    opencv = new OpenCV(this, 640/2, 480/2);          // 메모리 할당

    opencv.startBackgroundSubtraction(5, 3, 0.5);     // 기능 지정
    video.start();                                    // 비디오 시작
}

void draw() {
    scale(2);                                         // 이미지 2배 확대
    image(video, 0, 0);                               // 배경 이미지 그리기
    opencv.loadImage(video);                          // opencv에 로딩

    opencv.updateBackground();                        // 배경 이미지 업데이트
    opencv.dilate();                                  // foreground 확대
    opencv.erode();                                   // foreground 축소
    noFill();

    strokeWeight(3);
    ArrayList<Contour> contours =                     // foreground 영역 계산
    opencv.findContours(false /*findHoles*/, true /*sort*/);

    if(!contours.isEmpty()) {                         // 움직이는 foreground 영역이
        stroke(255, 0, 0);                            // 있으면 첫번째 영역만 contour와
        contours.get(0).draw();                       // box를 그려라
        stroke(0, 255, 0);
```

```
            Rectangle rect = contours.get(0).getBoundingBox();
            rect(rect.x, rect.y, rect.width, rect.height);
        }
    }


    void captureEvent(Capture c) {                          // capture 업데이트
        c.read();
    }
```

위 프로그램은 움직이는 물체(foreground object)를 배경으로부터 분리해서 그려주는
코드이다. startBackgroundSubtraction()으로 매개 변수를 지정해주고 findContours()
를 통해 움직인 영역을 알 수 있다. Contour 클래스가 ArrayList 데이터 스트럭처에 담겨
서 리턴되는데 ArrayList에 대한 자세한 설명은 다음 장에서 하도록 한다. dilate()를 한 후
erode()를 하는 것은 Contour 영역을 확장시킨 후 축소시켜 작은 노이즈를 제거, 보다 매
끈한 경계를 만들도록 해 준다. 또한 원래 이미지가 반으로 축소되어서 움직이는 물체가
계산된 후 다시 확대되어서 실행 창에 그려지는데 이는 계산 시 속도가 느려지는 것을 막
기 위한 목적으로 해상도를 희생한 것으로 볼 수 있다.

## 2.3 물리 엔진

컴퓨터 화면이 제공하는 가상 세계는 현실 세계의 물리 법칙이 적용되지 않는 곳으로써 수학적 규칙이 지배하는 다양한 모델을 시뮬레이션할 수 있다. 그러나 역설적으로 현실에 가까운 시각 효과나 물리적 현상을 구현하여 현실을 원하는 대로 조작할 수 있는데 이는 컴퓨터 그래픽스라는 학문 분야의 근간이 된다. 그래픽스의 연구 분야 중 하나로 물리적 법칙에 기반한 애니메이션(physics-based animation)이 있으며 유체 역학, 강체 동역학, 연체 동역학 등이 관련 분야에 속하는데 이를 구현한 소프트웨어를 물리 엔진(physics engine)이라고 한다. 물리 엔진은 그래픽스 외에 게임이나 영화의 특수 효과에 빈번히 사용된다.

우리가 살펴볼 물리 엔진은 Erin Catto에 의해 개발된 Box2D인데 이는 원래 C++로 구현되어 다양한 게임, 특히 우리에게 익숙한 앵그리버드에 사용되었다. Box2D의 자바 버전이 JBox2D(www.jbox2d.org)이며 프로세싱에 바로 사용이 될 수 있으나 이를 프로세싱에 보다 쉽게 사용하기 위해 몇 가지 기능을 추가한 Box2D for processing(http://www.jbox2d.org/processing/doc/index.html)이 존재한다. 이를 '라이브러리 추가하기'에서 확인, 다운받도록 하자.

## Vec2 클래스

org.jbox2d.common 패키지에 속한 클래스로 2차원 벡터 및 그와 관련된 연산을 구현한다(구현 참조: https://code.google.com/p/jbox2d/source/browse/trunk/updating/jbox2d-library/src/main/java/org/jbox2). 

```
import org.jbox2d.common.*;

Vec2 a = new Vec2(-3,3);            // a는 (-3,3)
Vec2 b = new Vec2(0,1);             // b는 (0,1)
Vec2 c = a.add(b);                  // c는 (-3, 4)가 되고 a 와 b는 불변

a.addLocal(c);                      // a가 (-6, 7)이 됨. c는 불변

Vec2 d = a.mul(5.0);                // d는 (-30, 35), a는 불변

b.mulLocal(5.0);                    // b가 (0,1)에서 (0,5)가 됨

float len = c.length();            // len은 5.0, c는 불변
c.normalize();                      // c가 (-3, 4)에서 (-0.6, 0.8)이 됨
```

Vec2 인스턴스의 연산은 프로그래머가 따로 구현하기보다는 이미 제공되는 클래스 메소드를 이용하도록 하자. 유의할 것은 위의 예에서 보는 것과 같이 새로운 인스턴스를 생성하는 연산(add, mul)과 이미 존재하는 인스턴스의 값을 변화시키는 것(addLocal, mulLocal)을 구별해야 하는 것이다. 참조 웹사이트를 보면 위의 예시 이외에 sub, subLocal, negate, abs 등 다양한 메소드가 있음을 확인할 수 있다.

## 좌표계

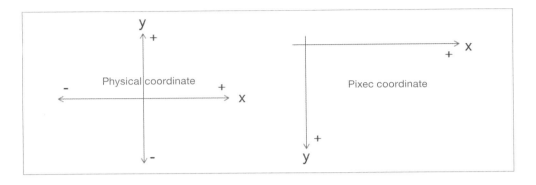

| | |
|---|---|
| Vec2 coordWorldToPixels(Vec2 world) | World 좌표에서 pixel 좌표로 |
| Vec2 coordWorldToPixels(float worldX, float worldY) | |
| Vec2 coordPixeslToWorld(Vec2 screen) | Pixel 좌표에서 world 좌표로 |
| Vec2 coordPixeslToWorld(float screenX, screen) | |
| float scalarWorldToPixels(float val) | World 값에서 pixel 값으로 |
| float scalarPixelsToWorld(float val) | Pixel 값에서 world 값으로 |

실제 물리 시뮬레이션이 이루어지는 세계를 world라 하고 이곳은 우리의 프로세싱 실행 창과 다른 좌표계 및 거리 스칼라값(벡터값이 아닌 1차원 양)을 가진다. 예를 들어 y값의 경우 world 좌표계에서는 위 방향이 +이나 프로세싱 픽셀 좌표계에서는 아래 방향이 +이고, 각도 측정의 경우 world 좌표계에서는 반시계 방향이 +이나 픽셀 좌표계에서는 시계 방향이 +이다. 따라서 벡터 및 스칼라값을 각각의 세계에 맞게 전환시키는 함수가 존재하는데 이는 위에서 본 표와 같다. 임의로 정의한 전환 함수를 사용하기보다는 위에서 정의된 전환 함수를 사용하도록 하자. 코드에서는 이 전환이 두 번 이루어지는데, 첫 번째는 setup()에서 시뮬레이션하고자 하는 오브젝트들을 픽셀 좌표계에서 생성, world 좌표계로 전환하여 Box2D world에 추가할 때이고, 두 번째는 draw()에서 시뮬레이션된 결과를

world에서 픽셀 좌표계로 가져와 그려줄 때이다.

## ArrayList(http://docs.oracle.com/javase/7/docs/api/java/util/ArrayList.html)

어레이 리스트는 자바에 구현된 데이터 구조로 임의의 클래스 타입 객체 집단을 저장하고 검색할 수 있다. 배열과 다른 점은 배열은 생성할 때 그 크기가 결정되어야 됨에 반해 어레이 리스트는 클래스 인스턴스들을 저장하고 추출하면서 그 크기가 늘거나 줄어들 수 있을 뿐만 아니라 가장 마지막이 아닌 임의의 위치에서 저장이나 제거가 가능하다. 어떤 클래스 타입의 인스턴트를 저장할지는 괄호(〈 〉) 안에 지정하면 된다. 그 사용 예는 다음과 같다.

```
import org.jbox2d.common.*;          // Vec2를 사용하기 위함
import java.util.*;                   // ArrayList를 사용하기 위함

ArrayList<Vec2> vecList;             // Vec2 타입을 저장하는 ArrayList 선언

void setup() {
  vecList = new ArrayList<Vec2>();   // vecList의 메모리 할당

  Vec2 a = new Vec2(-1, 1);
  Vec2 b = new Vec2(3, 4);
  Vec2 c = new Vec2(2, 5);

  vecList.add(a);                    // a를 vecList에 추가
  vecList.add(b);                    // b를 vecList 끝에 추가
  println(vecList);                  // [(-1.0,1.0), (3.0,4.0)]

  vecList.add(1, c);                 // c를 인덱스 1 위치에 추가
  println(vecList);                  // [(-1.0,1.0), (2.0, 5.0), (3.0,4.0)]

  Vec2 d = vecList.get(0);           // d는 a 값을 가짐
  println(vecList);                  // [(-1.0,1.0), (2.0, 5.0), (3.0,4.0)]
  println(d);                        // (-1.0, 1.0)
```

```
    vecList.remove(d);                    // d 값을 가지는 a를 vecList에서 제거
    println(vecList);                     // [(2.0, 5.0), (3.0,4.0)]

    vecList.remove(0);                    // vecList에서 인덱스 0 위치를 제거
    println(vecList);                     // [(3.0, 4.0)]

    println(vecList.isEmpty());           // false
    println(vecList.size());              // 1
}
```

## Box2D world

Box2D world에서 시뮬레이션이 일어나기 위해 필요한 필수 요소들은 다음과 같다.

World   시뮬레이션되는 모든 오브젝트들에 대한 정보를 가지고 있으며 이들이 어떻게 시간에 따라 움직이는지 계산할 수 있다.

Body   시뮬레이션 대상이 되는 오브젝트의 속도와 위치 정보를 가지고 있다.

Shape   모양 정보를 가지고 있으며 충돌의 계산을 담당한다.

Fixture   Shape를 Body에 연결하는 역할을 하며 밀도(density), 마찰력(friction), 복원력(restitution) 정보를 부여한다.

이제 위에서 다룬 정보를 바탕으로 실제 시뮬레이션을 제작해보자.

### 2-3-1. Static Object
첫 번째 생성할 오브젝트는 움직이지 않는 고정된 오브젝트이다.

```
import shiffman.box2d.*;                          // Box2DProcessing
import java.util.*;                               // ArrayList

Box2DProcessing box2d;                            // world
ArrayList<StaticObject> sos;                      // Static Objects

void setup() {
  size(500, 500);

  box2d = new Box2DProcessing(this);              // initialize world
  box2d.createWorld();
  box2d.setGravity(0,-10);

  sos = new ArrayList<StaticObject>();            // Static Objects list

  ArrayList<Vec2> vl = new ArrayList<Vec2>();
```

```
        vl.add(new Vec2(width/4.0*3.0, height));      // convex polygon points in
        vl.add(new Vec2(width/2, height/2));          // counterclockwise direction
        vl.add(new Vec2(width/4.0, height));          // add to list
        sos.add(new StaticObject(vl));

        ArrayList<Vec2> vl2 = new ArrayList<Vec2>();
        vl2.add(new Vec2(450, 200));
        vl2.add(new Vec2(380, 180));
        vl2.add(new Vec2(320, 300));
        vl2.add(new Vec2(420, 280));
        sos.add(new StaticObject(vl2));

        ArrayList<Vec2> vl3 = new ArrayList<Vec2>();
        vl3.add(new Vec2(150, 140));
        vl3.add(new Vec2(30, 120));
        vl3.add(new Vec2(10, 170));
        vl3.add(new Vec2(150, 230));
        sos.add(new StaticObject(vl3));
    }

    void draw() {
        background(255);
        box2d.step();                                 // move world bodies

        for(int i=0; i<sos.size(); i++) {             // draw Objects
            sos.get(i).display();
        }
    }
```

필요한 패키지를 임포트한 후에 전역 변수를 선언한다. World는 Box2DProcessing 클래스 오브젝트로 표현되고 createWorld()로 초기화된 후에 world 좌표의 크기와 방향(0, −10)으로 중력을 부여한다. World 내의 고정된 오브젝트는 StaticObject 클래스로 나타나는데, 생성자는 임의의 폴리곤 모양을 나타내는 좌표의 어레이 리스트를 매개 변수로 받는다. 고정된 오브젝트는 display() 메소드에 그리는 방법을 가지고 있다.

```java
import java.util.*;
import org.jbox2d.common.*;
import org.jbox2d.dynamics.*;
import org.jbox2d.collision.shapes.*;

class StaticObject {

  Body body;                                        // body
  ArrayList<Vec2> vList;                             // polygon 좌표

  StaticObject(ArrayList<Vec2> vl) {                // constructor

    vList = new ArrayList<Vec2>();
    Vec2[] vertices = new Vec2[vl.size()];

    for(int i=0; i<vl.size(); i++) {
      vList.add(vl.get(i));                          // for display()
      vertices[i] = box2d.coordPixelsToWorld(vl.get(i));  // for PolygonShape
    }

    PolygonShape ps = new PolygonShape();            // step1. PolygonShape
    ps.set(vertices, vertices.length);

    FixtureDef fd = new FixtureDef();                // step2. FixtureDef
    fd.shape = ps;                                   // define PolygonShape
    fd.restitution = 0.5;

    BodyDef bd = new BodyDef();                      // step3. BodyDef
    bd.type = BodyType.STATIC;                       // Body type
    body = box2d.createBody(bd);
    body.createFixture(fd);                          // connect to FixtureDef
  }
```

```
void display() {                                              // display
    fill(0);
    beginShape();
    for(int i=0; i<vList.size(); i++) {
        vertex(vList.get(i).x, vList.get(i).y);
    }
    endShape();
  }
}
```

　고정된 오브젝트를 나타내는 StaticObject 클래스의 정의이다. 먼저 주목할 것은 어떤 데이터를 필드로 가지고 있느냐인데 시뮬레이션의 기반이 되는 Body 클래스 오브젝트(body)와 이를 픽셀 좌표에 그리는데 필요한 좌표의 어레이 리스트(vList)가 있다. 생성자(constructor)를 살펴보면 매개 변수로 오는 픽셀 좌표 어레이 리스트를 필드에 기억하고 또 로컬 변수인 vertices에 복사를 한다. 이 vertices는 Body를 정의하기 위한 첫 번째 step인 PolygonShape를 정의하는 데에 사용된다. 두 번째 step은 FixtureDef로 friction, restitution 등의 특성을 정의할 수 있으며 PolygonShape와 연결된다. 마지막 step은 BodyDef를 사용하여 Body를 정의하는 것으로 타입을 STATIC으로 정의하고 FixtureDef와 연결된다. Display() 함수에서는 vList를 그대로 그려주는데, 이는 STATIC 타입 Body는 시간에 따라 움직이지 않기 때문이다.

## 2-3-2. Dynamic Object

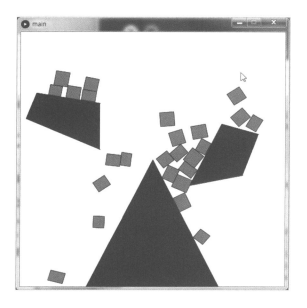

```
import shiffman.box2d.*;
import java.util.*;

Box2DProcessing box2d;
ArrayList<StaticObject> sos;
ArrayList<DynamicObject> dos;                    // DynamicObject 리스트

void setup() {
................. 위와 동일 .................

  dos = new ArrayList<DynamicObject>();          // 메모리에 할당
}

void draw() {
  background(255);
  box2d.step();
```

```
    for(int i=0; i<sos.size(); i++) {
      sos.get(i).display();
    }

    for(int i=0; i<dos.size(); i++) {                    // DynamicObject 그리기
      dos.get(i).display();
    }

    for(int i=dos.size()-1; i>=0; i--) {                 // 필요없는 DynamicObject는 제거
      if(dos.get(i).done()) {
        dos.get(i).killBody();
        dos.remove(i);
      }
    }
  }
  void mousePressed() {                                  // 마우스가 눌릴 때마다
    dos.add(new DynamicObject(new Vec2(mouseX, mouseY),
    random(20, 30), random(20, 30)));                    // DynamicObject 생성
  }
```

먼저 메인 파일에는 DynamicObject의 어레이 리스트가 추가되었다. StaticObject와 다른 것은 임의의 폴리곤 모양을 코드로 작성하는 것이 아니라 사각형 모양이 마우스가 눌릴 때마다 추가된다는 것이다. DynamicObject의 생성자는 인스턴스를 생성할 위치와 사각형의 폭과 높이를 매개 변수로 받는다. 주의할 것은 더 이상 DynamicObject가 필요없어질 때 제거해 주어 무한정 인스턴스가 생성되는 것을 막는 것이다.

```
import java.util.*;
import org.jbox2d.common.*;
import org.jbox2d.dynamics.*;
import org.jbox2d.collision.shapes.*;

class DynamicObject {
```

```
    Body body;                                          // body
    float box_width, box_height;                        // 픽셀 좌표 기준 폭과 높이

    DynamicObject(Vec2 pos, float w, float h) {          // 생성자
        box_width = w;
        box_height= h;

        PolygonShape ps = new PolygonShape();
        float worldW = box2d.scalarPixelsToWorld(w);    // world 좌표 기준 폭과 높이
        float worldH = box2d.scalarPixelsToWorld(h);    // 박스 모양 생성
        ps.setAsBox(worldW/2, worldH/2);

        FixtureDef fd = new FixtureDef();               // FixtureDef
        fd.shape = ps;
        fd.density = 1;
        fd.friction = 0.2;
        fd.restitution = 0.8;

        BodyDef bd = new BodyDef();                     // BodyDef
        bd.type = BodyType.DYNAMIC;                      // DYNAMIC type
        bd.position.set(box2d.coordPixelsToWorld(pos)); // 위치 지정
        body = box2d.createBody(bd);
        body.createFixture(fd);
    }

void display() {
    Vec2 pos = box2d.getBodyPixelCoord(body);           // 현재 body 위치
    float a = body.getAngle();                          // 현재 body 각도

    rectMode(CENTER);                                   // 꼭 CENTER여야 함
    fill(130);
    pushMatrix();
    translate(pos.x, pos.y);                            // 위치만큼 이동
    rotate(-a);                                         // 각도만큼 회전
```

```
      rect(0,0,box_width, box_height);
      popMatrix();
    }


    void killBody() {                                    // body 제거
      box2d.destroyBody(body);
    }


    boolean done() {                                     // 화면 바깥으로 나갔는지 여부
      Vec2 pos = box2d.getBodyPixelCoord(body);
      return (pos.x < 0 || pos.x > width || pos.y <0 || pos.y > height);
    }
  }
```

StaticObject와 다른 것을 기준으로 본다면 필드로 폴리곤 정보 대신 폭과 높이만 기억한다. DynamicObject는 world 내에서 그 좌표가 계속 변하기 때문에 일단 간단한 사각형을 구현해보자. PolygonShape에서 setAsBox()로 박스 모양을 생성하는데 매개 변수는 폭과 높이의 절반을 받으므로 2로 나누어주어야 한다. BodyDef의 타입은 DYNAMIC이고 position.set()을 통해서 초기 위치를 지정한다(world 좌표로 변경되어야 한다). display()에서는 변경된 위치와 각도를 받은 후 이를 변형(transformation)하는 데에 사용한다. 유의할 것은 꼭 rectMode(CENTER)여야 하고 각도는 부호를 바꾸어야 하는데, 이는 world 와 pixel 좌표에서 각도의 방향이 반대 방향이기 때문이다. done()은 중심 위치가 화면 밖으로 나갔는지를 판별해주는 역할을 한다.

더 많은 유형과 예제를 살펴보기 위해 Box2D for Processing 라이브러리 제작자의 웹사이트를 참조하도록 하자(http://natureofcode.com/book/chapter-5-physics-libraries/).

### 2-3-3. Angry Bird 프로젝트

지금까지 배운 것을 사용하여 간단한 앵그리버드 게임을 만들어보자. StaticObject와
DynamicObject 클래스를 변경하지 않고 재사용한다.

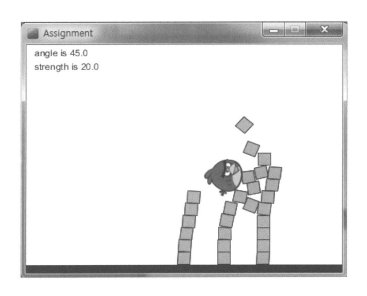

```
import shiffman.box2d.*;
import org.jbox2d.collision.shapes.*;
import org.jbox2d.common.*;
import org.jbox2d.dynamics.*;
import java.util.*;

Box2DProcessing box2d;
float angle, strength;
PImage bird;

ArrayList<DynamicObject> boxes;                        // world 오브젝트들
ArrayList<Particle> particles;
StaticObject ground;

void setup() {
```

```
    size(400,300);
    smooth();

    bird = loadImage("bird.png");

    box2d = new Box2DProcessing(this);                          // Box2D world 초기화
    box2d.createWorld();

    boxes = new ArrayList<DynamicObject>();
    particles = new ArrayList<Particle>();

    ArrayList<Vec2> vList = new ArrayList<Vec2>();              // ArrayLists 메모리 로드
    vList.add(new Vec2(width, height-10));
    vList.add(new Vec2(0, height-10));
    vList.add(new Vec2(0, height  ));
    vList.add(new Vec2(width, height  ));
    ground = new StaticObject(vList); //(width/2, height-5, width, 10);      // 바닥(ground)

    for(int j=0; j<3; j++) {                                    // 박스 쌓기
       for(int i=0; i<10; i++) {
          DynamicObject p = new DynamicObject(new Vec2(width / 2.0 +
  50 * j, height - 2 - 16.3 * i), 16, 16);
          boxes.add(p);
       }
    }
    angle = 45.0;                                               // 슈팅 관련 변수
    strength = 20.0;
}

void draw() {
   background(255);

   text("angle is " + angle, 10, 15);                          // 슈팅 변수 화면 표시
   text("strength is " + strength, 10, 33);
```

```
    box2d.step();                                              // world simulation

    for (DynamicObject b: boxes)                               // 박스 디스플레이
      b.display();

    for (Particle p: particles)                                // 버드 디스플레이
      p.display(bird);

    ground.display();                                          // 그라운드 디스플레이

    for (int i = boxes.size()-1; i >= 0; i--) {                // 화면 밖 박스 제거
      DynamicObject b = boxes.get(i);
      if (b.done()) {
        boxes.get(i).killBody();
        boxes.remove(i);
      }
    }

    for (int i = particles.size()-1; i >= 0; i--) {            // 화면 밖 버드 제거
      Particle p = particles.get(i);
      if (p.done()) {
        particles.get(i).killBody();
        particles.remove(i);
      }
    }
}

void mouseReleased() {                                         // 마우스가 눌렸다가 릴리즈
  Particle p = new Particle(5, height-10, 22, angle, strength); // 될 때마다 버드 생성
  particles.add(p);
}

void keyPressed() {                                            // 슈팅 변수를 방향키로 조정한다
  if (key == CODED) {
```

```
    if (keyCode == UP) {
      angle += 0.1;
    } else if (keyCode == DOWN) {
      angle -= 0.1;
    } else if (keyCode == LEFT) {
      strength -= 0.1;
    } else if (keyCode == RIGHT) {
      strength += 0.1;
    }
  }
}
```

메인 파일은 이전과 달라진 것을 기준으로 보면 먼저 Particle 클래스가 생겼다. 이는 앵그리버드를 그리기 위한 원형의 움직이는 오브젝트를 의미한다. 앵그리버드 이미지(bird. png)는 웹에서 찾을 수 있는데, 새의 얼굴을 나타내는 원형 이외의 부분은 투명하게 나타나 있는 png 파일을 고르도록 한다. 바닥(ground)은 이전 StaticObject 클래스를 재사용했으며 쌓여 있는 상자는 이전 DynamicObject 클래스를 재사용하였다. angle과 strength는 앵그리버드를 쏠 때 사용되는 변수로 실행 창 좌측 위에 텍스트로 표시된다. 이 값은 특수 방향키를 사용하여 조절할 수 있다.

```
class Particle {
  Body body;
  float r;

  Particle(float x, float y, float rd, float ang, float strength) {
    r = rd;
    CircleShape cs = new CircleShape();                    // Step 1. Circle shape
    cs.m_radius = box2d.scalarPixelsToWorld(r);

    FixtureDef fd = new FixtureDef();                      // Step 2. FixtureDef
    fd.shape = cs;
```

```
        fd.density = 10;
        fd.friction = 0.1;
        fd.restitution = 0.1;

        BodyDef bd = new BodyDef();                              // Step 3. BodyDef
        bd.position = box2d.coordPixelsToWorld(x,y);
        bd.type = BodyType.DYNAMIC;
        body = box2d.world.createBody(bd);
        body.createFixture(fd);

        float rad = radians(ang);
        body.setLinearVelocity(new Vec2(strength * cos(rad), strength * sin(rad)));
        body.setAngularVelocity(random(-10,10));                 // 초기 속도와 각속도를 부여한다
    }

    void display(PImage img) {
        Vec2 pos = box2d.getBodyPixelCoord(body);
        float a = body.getAngle();

        pushMatrix();
        translate(pos.x,pos.y);
        rotate(-a);
        fill(255, 0, 0);
        image(img, -25, -25);                                   // 원 대신 이미지를 그림
        popMatrix();
    }

    void killBody() {
        box2d.destroyBody(body);
    }

    boolean done() {
        Vec2 pos = box2d.getBodyPixelCoord(body);
        return (pos.x > width+2*r);
    }
}
```

Particle 클래스는 이전의 DynamicObject 클래스와 같은 유형이라고 보면 되는데 다른 점을 보면 일단 폭, 높이 대신에 반지름을 필드로 저장한다. 생성자 매개 변수로는 생성 위치(x, y), 반지름, 슈팅하는 각도와 세기가 있다. CircleShape이 FixtureDef에 연계되고 FixtureDef가 다시 BodyDef와 연결된다. 특기할 점은 setLinearVelocity()와 setAngularVelocity()를 활용하여 초기 속도를 지정할 수 있다는 점이다. 또한 display() 시에는 ellipse()를 사용하지 않고 image()를 사용함으로써 버드의 이미지가 나타날 수 있도록 한다.

## 2.4 인터페이스 기기

센서의 종류가 다양해지고 가격이 저렴해지면서 다양한 인터랙션을 가능케 하는 인터페이스 기기(interface device)들이 등장하고 있다. 프로세싱은 아두이노, 키넥트, 안드로이드 디바이스 등 다양한 기기와 연동하는 라이브러리를 제공하고 있다. 이번 장에서는 손동작을 인식할 수 있는 인터페이스 기기인 립모션의 활용에 대해서 알아보자.

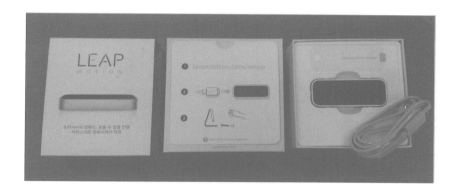

립모션은 바 형태로 키보드 아래에 위치시켜 그 위로 움직이는 손동작을 인식한다. USB 케이블로 컴퓨터와 연결되는데 내부에는 2개의 카메라가 내장되어 있어 손의 위치와 모양을 파악한다. 연결하기 전에 인스톨 파일을 다운받아 실행한다(https://www.leapmotion.com/setup).

설치가 끝나고 기기를 연결하면 위와 같은 화면이 뜨면서 여러 가지 앱을 실행시켜 볼 수 있다. 전체적인 행동 반경과 민감도 등을 경험으로 체득할 수 있다. 이제 프로세싱에서 라이브러리를 다운받는데, 아래 두 가지 라이브러리(Leap Motiong for Processing과 LeapMotion) 중 활성화되어 있는 LeapMotion을 선택한다.

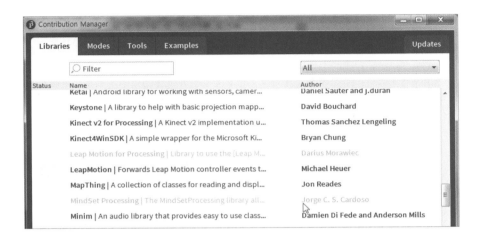

파일 메뉴바에서 예제를 누르고 LeapMotion 라이브러리를 선택하면 여러 예제 코드를 실행시켜 볼 수 있다. 이 중 제스처 타입을 구분하는 예제를 선택하여 보면 다음과 같은 4개의 타입이 구별 가능함을 알 수 있다.

TYPE_CIRCLE : 손가락으로 둥글게 원을 그리는 제스처

TYPE_KEY_TAP : 키보드를 두드리듯이 손가락을 아래로 눌렀다 떼는 제스처

TYPE_SWIPE : 손과 손가락을 길게 선형으로 움직이는 제스처

TYPE_SCREEN_TAP : 수직으로 서 있는 컴퓨터 스크린을 터치하는 듯한 손가락 제스처

이 중 TYPE_CIRCLE과 TYPE_SWIPE를 사용하여 코드를 작성해보자.

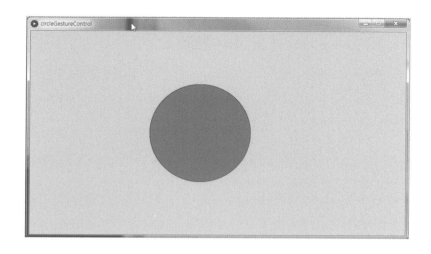

```
import com.leapmotion.leap.processing.*;          // LeapMotion class
import com.leapmotion.leap.*;                      // other classes

LeapMotion leapMotion;                             // 립모션 변수 선언
Circle circle;                                     // 서클 변수 선언

void setup() {
  size(800, 450);

  leapMotion = new LeapMotion(this);               // 메모리 할당
  circle = new Circle(width/2, height/2, 100, color(200,50,50));
}

void draw() {
  background(200);
  circle.display();
}

void onInit(final Controller controller) {         // 립모션이 초기화할 때
  controller.enableGesture(Gesture.Type.TYPE_CIRCLE);   // 불리는 함수. 네 가지 타입의
  controller.enableGesture(Gesture.Type.TYPE_KEY_TAP);  // 제스처를 활성한다
```

```
    controller.enableGesture(Gesture.Type.TYPE_SCREEN_TAP);
    controller.enableGesture(Gesture.Type.TYPE_SWIPE);
}

void onFrame(final Controller controller) {                      // 립모션 프레임
    Frame frame = controller.frame();

    for(int i=0; i<frame.gestures().count(); i++) {             // 모든 제스처에 대해서
        Gesture gesture = frame.gestures().get(i);
    //for (Gesture gesture : frame.gestures()) {                // 간략화한 버전

        if (gesture.type()==Gesture.Type.TYPE_CIRCLE) {        // 1. 서클 타입
            println("circle gesture");

            CircleGesture cg = new CircleGesture(gesture);
            if(cg.pointable().direction().angleTo(cg.normal()) <= Math.PI/2) {  // 돌리는 방향을
                println("Clockwise!");                              // 계산하는 방법
                circle.updateSizeBy(2);                             // 원의 크기 변화
            } else {
                println("CounterClockwise!");
                circle.updateSizeBy(-2);
            }

        } else if (gesture.type()==Gesture.Type.TYPE_SWIPE) {   // 2. 스와이프타입
            println("swipe gesture");

            SwipeGesture sg = new SwipeGesture(gesture);
            println(sg.direction());

            if(sg.direction().getX() > 0)                        // 방향에 따라 원의 위치를 좌우로 바꿈
                circle.updatePosXBy(2);
            else if (sg.direction().getX() < 0)
                circle.updatePosXBy(-2);
        } else if (gesture.type()==Gesture.Type.TYPE_KEY_TAP) {
```

```
      println("keytap gesture");
    } else if (gesture.type()==Gesture.Type.TYPE_SCREEN_TAP) {
      println("screentap gesture");
    }
  }
}

class Circle {                              // 서클 클래스 정의
  int posX, posY;
  int size;
  color cl;

  Circle(int px, int py, int sz, color c) {
    posX = px;
    posY = py;
    size = sz;
    cl = c;
  }

  void display() {
    fill(cl);
    ellipse(posX, posY, size, size);
  }

  void updateSizeBy(int delta) {
    size += delta;
    if(size<0) size = 1;
  }

  void updatePosXBy(int delta) {
    posX += delta;
  }
}
```

Circle 클래스는 원의 위치와 크기, 색 정보를 필드로 가지고 있고 그리기, 크기 바꾸기, 좌우로 바꾸기를 하기 위한 메소드를 가지고 있다. 네 가지 제스처 타입은 onInit() 콜백 함수에서 활성화되고 onFrame()에서 각 제스처를 구분하고 제스처에 따라 각각 다른 행동을 발생시킨다. 스와이프의 경우 그 움직임의 방향에 따라 원의 위치를 좌우로 변경하고 서클의 경우 그 돌리는 방향에 따라 원의 크기를 조절한다. 각 제스처마다 매개 변수가 다른데, 이는 립모션 개발자를 위한 API 웹페이지(https://developer.leapmotion.com/documentation/java/api/Leap_Classes.html)에서 확인할 수 있다.

연습문제로 2–3장에서 구현한 앵그리버드를 립모션 제스처로 콘트롤해보자. angle과 strength 변수를 제스처와 연동시키면 된다.

## 2.5 안드로이드 앱

프로세싱으로 간단한 안드로이드 앱(Android app)을 만드는 것도 가능한데 안드로이드 스튜디오를 사용하기에 부담스럽거나 기존의 앱 프로토타이핑 툴이 제공하는 것보다 더 정교한 구현이 필요한 경우 사용하기에 적당하다. 안드로이드 앱을 개발하기 위해서 여러 컴포넌트들이 필요한데 다음 과정을 따라하도록 한다. 본서에서는 윈도우스 플랫폼을 가정하였는데 다른 플랫폼에서 설치하기 위해서는 웹사이트(https://github.com/processing/processing-android/wiki)를 참조하도록 한다.

### JDK 다운로드 받기

오라클 웹사이트(http://www.oracle.com/technetwork/java/javase/downloads/index.html)에서 자신의 OS에 맞는 가장 최신 버전의 JDK를 다운받는다.

### Android SDK 다운로드 및 설치

안드로이드 개발 홈페이지(http://developer.android.com/sdk/index.html)에 들어가서 가장 아래에 있는 'SDK Tools Only' 제목 아래에 있는 자신의 플랫폼에 해당하는 설치 파일을 다운로드한다. 설치 후 SDK Manager를 실행시키면 아래와 같은 창이 뜬다. 이 중에서 이미 설치된 것을 제외하고 Tools 아래의 Android SDK Platform-tools와 Android SDK Build-tools 및 Android 4.0.3(API 15) 아래의 SDK Platform 과 ARM EABI v7a System Image, 그리고 Extras 아래의 Google USB Driver를 체크하고 인스톨한다.

| Name | API | Rev. | Status |
|---|---|---|---|
| ▲ ☐ ☐ Tools | | | |
| ☐ Android SDK Tools | | 24.4.1 | ☑ Installed |
| ☑ Android SDK Platform-tools | | 23.1 | ☐ Not installed |
| ☑ Android SDK Build-tools | | 23.0.2 | ☐ Not installed |
| ☐ Android SDK Build-tools | | 23.0.1 | ☐ Not installed |
| ☐ Android SDK Build-tools | | 22.0.1 | ☐ Not installed |
| ☐ Android SDK Build-tools | | 21.1.2 | ☐ Not installed |
| ☐ Android SDK Build-tools | | 20 | ☐ Not installed |
| ☐ Android SDK Build-tools | | 19.1 | ☐ Not installed |
| ▲ ☐ Tools (Preview Channel) | | | |
| ☐ Android SDK Tools | | 25.0.... | ☐ Not installed |
| ▷ ☐ Android 6.0 (API 23) | | | |
| ▷ ☐ Android 5.1.1 (API 22) | | | |
| ▷ ☐ Android 5.0.1 (API 21) | | | |
| ▷ ☐ Android 4.4W.2 (API 20) | | | |
| ▷ ☐ Android 4.4.2 (API 19) | | | |
| ▷ ☐ Android 4.3.1 (API 18) | | | |
| ▷ ☐ Android 4.2.2 (API 17) | | | |
| ▷ ☐ Android 4.1.2 (API 16) | | | |
| ▲ ☐ Android 4.0.3 (API 15) | | | |
| ☑ SDK Platform | 15 | 5 | ☐ Not installed |
| ☐ Samples for SDK | 15 | 2 | ☐ Not installed |
| ☑ ARM EABI v7a System Image | 15 | 3 | ☐ Not installed |
| ☐ Intel x86 Atom System Image | 15 | 2 | ☐ Not installed |
| ☐ MIPS System Image | 15 | 1 | ☐ Not installed |
| ☐ Google APIs | 15 | 3 | ☐ Not installed |
| ☐ Sources for Android SDK | 15 | 2 | ☐ Not installed |
| ▷ ☐ Android 2.3.3 (API 10) | | | |
| ▷ ☐ Android 2.2 (API 8) | | | |
| ▲ ☐ Extras | | | |
| ☐ Android SDK Platform-tools, revision 0 [*] | | 0 | ☑ Installed |
| ☐ GPU Debugging tools | | 1.0.3 | ☐ Not installed |
| ☐ Android Support Repository | | 25 | ☐ Not installed |
| ☐ Android Support Library | | 23.1.1 | ☐ Not installed |
| ☐ Android Auto Desktop Head Unit emulator | | 1.1 | ☐ Not installed |
| ☐ Google Play services | | 29 | ☐ Not installed |
| ☐ Google Repository | | 24 | ☐ Not installed |
| ☐ Google Play APK Expansion Library | | 3 | ☐ Not installed |
| ☐ Google Play Billing Library | | 5 | ☐ Not installed |
| ☐ Google Play Licensing Library | | 2 | ☐ Not installed |
| ☐ Android Auto API Simulators | | 1 | ☐ Not installed |
| ☑ Google USB Driver | | 11 | ☐ Not installed |
| ☐ Google Web Driver | | 2 | ☐ Not installed |

## 안드로이드 모드 설치

프로세싱 창 오른쪽 끝의 풀다운 메뉴에서 모드 추가를 누르고 안드로이드 모드를 선택, 설치한다.

안드로이드 SDK 경로를 찾을 수 없는 경우 다음과 같은 경고창이 뜨는데 'Locate SDK path manually'를 선택한 후 AppData 아래에 있는 Android SDK 경로(예: C:\Users\사용자명\AppData\Local\Android\android-sdk)를 지정한다.

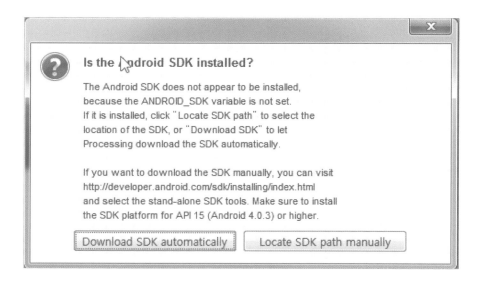

## Hello World

안드로이드 모드로 전환한 후 다음 코드를 스케치 → Run in Emulator를 선택하여 실행시킨다. 자바 모드의 프로세싱 코드보다 상당히 긴 시간이 걸리므로 인내심이 필요하다. 에러 메시지가 뜰 수도 있는데 SDK 버전이 문제인 경우는 Android 메뉴의 SDK Manager를, 가상 디바이스(Virtual Device)의 문제는 Android 메뉴의 AVD Manager를 이용해서 해결해보자.

```
void setup() {}

void draw() {
  ellipse(mouseX, mouseY, mouseX-pmouseX, mouseY-pmouseY);
}
```

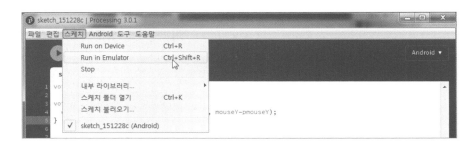

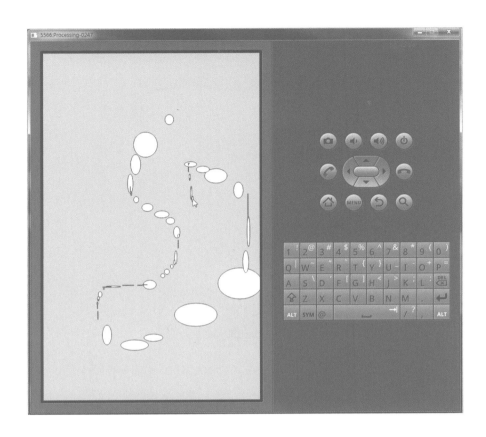

## 안드로이드 디바이스 세팅

먼저 안드로이드 디바이스의 개발자 모드를 활성화한다. 젤리빈(4.3) 이상의 버전을 가정했을 때 설정으로 들어가서 일반 탭을 설정한다. '개발자 옵션' 항목이 보이지 않는데 가장 하단에 있는 '디바이스 정보'를 선택하고 '빌드 번호'를 7번 터치하면 '개발자 옵션'이 나타나게 된다. 개발자 옵션을 클릭한 후 들어가서 'USB 디버깅' 항목을 활성화시킨다.

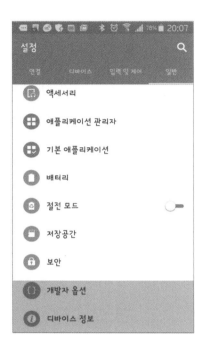

그리고 USB케이블로 PC에 연결하면 안드로이드 디바이스 창에 'usb 디버깅을 허용할까요'라는 창이 뜬다. 이어 PC의 RSA 지문이라는 창이 뜨는데 이것이 없을 경우 디바이스의 USB 드라이버가 제대로 설치가 되지 않았으므로 (재)설치한다. 설치가 잘 되었을 경우 아래 그림처럼 안드로이드 메뉴에서 Select device를 선택하면 연결된 디바이스가 나타난다. 이어 스케치 Run on Device를 눌러 디바이스에서 코드를 실행해보자. Apk 파일이 생성되면서 디바이스로 옮겨가 실행이 되는 것을 볼 수 있다.

### Ketai 라이브러리

프로세싱은 안드로이드 모드에서 디바이스의 각종 센서를 사용할 수 있도록 해 주는 Ketai 라이브러리를 제공하고 있다. 라이브러리 리스트에서 Ketai(by Daniel Sauter and j.duran) 라이브러리를 클릭하여 설치한 후 내 디바이스에서 어떤 센서가 있는지 알기 위해서 다음 코드를 실행해보자.

```
import ketail.sensors.*;
KetaiSensor sensor = new KetaiSensor(this);
println(sensor.list());
```

위는 삼성 갤럭시 노트 3의 예인데 가속도, 자석, 압력, 회전, 중력, 온도, 빛, 습도 센서

등 굉장히 다양한 센서들이 디바이스에 들어 있는 것을 확인할 수 있다. 이들을 활용하여 다양한 프로젝트가 가능한데 가속도 센서를 사용해서 러닝머신 앱을 제작해보자.

전체적인 디자인은 위와 같이 한 사람이 달려가고 있는 애니메이션을 나타내는 이미지 10개가 연속적으로 보이는 것이다(움직이는 효과를 위해 배경 이미지도 조금씩 뒤로 이동한다). 사용자는 디바이스를 쥐고 뛰어가듯이 흔드는데 흔드는 속도가 빠를수록 이미지들이 변하는 속도도 빨라지며 속도값은 중앙 부근에 작은 글씨로 표현된다. 속도는 약간의 버퍼를 부여했는데 이 덕분에 디바이스가 빨라지거나 멈출 때 갑자기 이미지 속도가 변하기보다는 시간 차이를 두고 서서히 변한다. 버퍼는 가장 최근의 디바이스 속도 20개를 저장한 값의 평균값을 이미지 속도로 사용함으로써 구현된다. 디바이스의 속도는 이전과 바로 다음 가속도 센서 벡터값의 각도차를 이용한다.

```
import ketai.sensors.*;
import ketai.net.*;
import java.util.*;                                    // Arraylist

KetaiSensor sensor;                                    // Ketai 전역 변수 선언

float signal;                                          // 가장 최근의 기기 속도
ArrayList<Float> signals;                              // 가장 최근 20개 속도

PImage[] images;                                       // 변하는 이미지들

PVector accelerometer, pAccelerometer;                 // 현재와 이전 가속도 벡터값

void setup() {
  size(600, 600);

  sensor = new KetaiSensor(this);                      // Ketai 변수 메모리 할당
  sensor.start();                                      // 센서 활성화

  images = new PImage[10];                             // 10개를 각각 0.png, 1.png ...
  for (int i=0; i<10; i++) {                           // 9.png, 10.png로 명명한다
    String imageName = i + ".png";
    images[i] = loadImage(imageName);
```

```
    }

    signal = 10;                                    // 초기 속도값
    signals = new ArrayList<Float>();               // 초기 속도값 20개 저장
    for (int i=0; i<20; i++)
        signals.add(10.0);

    accelerometer = new PVector();
    pAccelerometer = new PVector();

}

float getSignalMean() {                             // 20개 속도의 평균값 리턴
    float mean = 0.0;
    int count = signals.size();
    for (int i=0; i<count; i++)
        mean += signals.get(i);
    return mean/count;
}

void AddToSignals(float temp) {                     // 가장 최근 속도값을 20개 리스트에
    signals.remove(0);                              // 넣고 가장 오래된 값을 제거한다
    signals.add(temp);
}

void draw () {
    AddToSignals(signal);                           // 속도 리스트 업데이트

    float drawSignal = getSignalMean();             // 이미지 속도는 평균값임
    if (drawSignal < 1) drawSignal = 1;             // 속도값의 최소값은 1이다

    background (100);
    frameRate(drawSignal);                          // 이미지 속도로 그려줌
    int imageIndex = frameCount % 10;               // 연속적으로 이미지들을 보여줌
```

```
    image(images[imageIndex], 0, 0);

    textSize(30);                                     // 이미지 속도를 써준다
    fill(0);
    text(drawSignal, width/2, height/2 - 50);
}


void onAccelerometerEvent(float x, float y, float z)  // 새 가속도 센서값
{
    accelerometer.x = x;                              // 현재 가속도값 업데이트
    accelerometer.y = y;
    accelerometer.z = z;

    float delta = PVector.angleBetween(accelerometer, pAccelerometer);
                                                      // 현재와 이전 값의 각도 차이 계산
    signal = map(degrees(delta), 0, 180, 1, 20);      // 각도를 1과 20 사이의 값으로
                                                      // 매핑하여 이를 속도로 함
    pAccelerometer.set(accelerometer);                // 이전 가속도값 업데이트
}
```

먼저 setup()에서 초기화해 주는 것은 10개의 이미지와 20개의 속도값, 그리고 현재와 이전 가속도의 벡터값이다. signal은 가장 최근의 속도값을 가지고 있는데, 이는 onAccelerometerEvent() 함수에서 디바이스가 움직일 때마다 지속적으로 업데이트된다. draw()에서 하는 일은 이 새 signal 값을 20개 속도값에 넣어주고 20개의 평균값을 이미지 업데이트하는 속도로 사용하는 것이다. 이미지 업데이트 속도를 조절하기 위해 frameRate()를 사용하였고 10개의 이미지들이 반복적으로 그려지도록 하기 위해 frameCount % 10을 사용한 것을 주목하자.

## REFERENCE

p.11 프로세싱 공식 웹사이트 및 도서

https://www.processing.org

Processing: A Programming Handbook for Visual Designers, Second Edition

Casey Reas and Ben Fry. Published December 2014, The MIT Pres

p.107 OpenCV 라이브러리

https://github.com/atduskgreg/opencv-processing

p.112 Box2D 엔진 라이브러리

https://www.jbox2d.org/processing/doc/index.html

p.113 Vec2 클래스

https://code.google.com/archive/p/jbox2d

p.115 ArrayList 클래스

https://docs.oracle.com/javase/7/docs/api/java/util/ArrayList.html

p.124 Box2D for Processing

http://natureofcode.com/book/chapter-5-physics-libraries

p.131 립모션

https://www.leapmotion.com

p.137 안드로이드 앱

https://github.com/processing/processing-android/wiki

p.143 Ketai 라이브러리

http://ketai.org

Rapid Android Development Build Rich, Sensor-Based Applications with

Processing by Daniel Sauter

# INDEX

## 저자 소개

### 이상원

서울대학교에서 건축학 학사를, 카네기멜론대학에서 컴퓨터디자인학 석사를, 노스웨스턴대학교에서 전산학 박사(컴퓨터 그래픽스 분야)를 취득하였다. 이후 오리건주 인텔사에서 소프트웨어 엔지니어로 반도체 디자인을 다루는 기하학 알고리즘 개발을 하였으며, 현재 연세대학교 생활디자인학과와 테크노아트학부 소속 부교수로 재직하고 있다.

디지털 기술, 특히 인공지능이 가져올 새로운 디자인 행위와 미학에 관심을 두고 있으며 언어를 통한 애니메이션 제작, CAD 의 디자인 도구로서의 인지적 영향, 머신러닝을 활용한 컬러 감성 추출, 아이트래커를 통한 건축가와 일반인의 주시 패턴 차이 등에 관한 연구를 수행하였다.

# 예제로 배우는 디자이너를 위한 프로세싱

2016년 8월 9일 초판 인쇄 | 2016년 8월 16일 초판 발행

**지은이** 이상원 | **펴낸이** 류제동 | **펴낸곳 교문사**

**편집부장** 모은영 | **디자인** 신나리 | **본문편집** 벽호미디어

**제작** 김선형 | **홍보** 김미선 | **영업** 이진석 · 정용섭 · 진경민 | **출력 · 인쇄** 동화인쇄 | **제본** 한진제본

**주소** (10881) 경기도 파주시 문발로 116 | **전화** 031-955-6111 | **팩스** 031-955-0955

**홈페이지** www.gyomoon.com | **E-mail** genie@gyomoon.com

**등록** 1960. 10. 28. 제406-2006-000035호

**ISBN** 978-89-363-1591-7(93590) | **값** 14,000원